JN220379

タオバオで稼ぐ!

初心者から始める

中国輸出の教科書

橋谷 亮治 Ryoji Hashitani

●本書の内容は2016年10月14日現在の情報を元に記述されています。本書に記載されたURL、サービス等は予告なく変更される場合があります。

●本書の制作にあたり、正確な記述に努めておりますが、著者や出版社などのいずれも本書の内容に対してなんらかの保証をするものではなく、いかなる運用結果に関しても一切の責任を負いません。あらかじめご了承ください。

●本書に掲載されている画面・イメージなどは、本書の執筆時点においての情報であり、特定の設定に基いた環境にて再現される一例です。そのため、サービスのリニューアルや環境の変化などにより、操作方法や画面上の記述、デザインなど、本書の記載内容と異なる場合があります。

まえがき

「越境EC」とは、インターネット通販サイトを通じた国際的な電子商取引のことです。日本から国境を越えて海外の消費者に直接販売をする方法です。年々、人口が減少しており市場が縮小する日本と違い「巨大な中国EC市場」に向けての越境ECが成長の活路として注目されています。ネット通販などの物販ビジネスでは、インターネット環境と物流方法があれば場所の制約がありません。ですが、言語や商習慣の違い、情報の不足などから日本人が海外向けの販売に踏み出すことをためらっている現状があります。

言葉の壁を乗り越える方法も、中国ECの最新情報も本書では紙幅の許す限り盛り込みました。

あなたの商品を求めているお客様が中国にはきっとたくさんいます。

経済が豊かになった中国人は自国で手に入らない日本の製品を求めています。

本書では、中国EC市場の中でも最大規模の売上を誇る「タオバオ」について、日本企業の運営代行を数多く手がける著者が、長年実践してきたノウハウを読者にわかりやすく解説することで、一歩を踏み出す手助けをすることを目的としています。

タオバオのID取得方法から出品・出店方法に至るまで、豊富な図を使って初心者にわかりやすく書くように努めました。また、中国という法規制など複雑な国で越境ECとして日本人が陥りがちな注意点なども詳しく解説することにより事業開始にあたって致命的な問題が起こらないよう詳しく解説をしています。

「巨大な中国EC市場」に挑戦する勇気を、本書を手にとって頂いた読者が得ることができれば著者のこの上ない喜びになります。

2016年10月　株式会社ナセバナル　代表取締役　橋谷亮治

読者限定！「5つの豪華特典」無料プレゼント

「タオバオで稼ぐ！　初心者から始める中国輸出の教科書」をご購入いただき、ありがとうございました。読者のみなさまへの感謝の気持ちと「今すぐ」タオバオ輸出にチャレンジしようと決めたあなたに、以下の特別なプレゼントをご用意しました。

本書の読者特典一覧

特典1　「タオバオ最新情報！カテゴリ別人気ブランドTOP20調査データ」
特典2　「アリペイ送金・出金操作マニュアル」
特典3　「アリペイに複数の銀行口座を紐づける方法」
特典4　「EMSマイページ用タオバオ注文CSV変換ツール」
特典5　「タオバオ販売禁止商品一覧表（中国語・日本語訳）」

特典1　「タオバオ最新情報！カテゴリ別人気ブランドTOP20調査データ」

中国ECマーケットのトレンドを徹底分析した最新のタオバオ市場調査データです。主要なカテゴリごとの販売個数、売上総額など様々な実際の調査データをまとめています。タオバオでの販売商品や、カテゴリの選定に迷った時などにご活用ください。

特典2　「アリペイ送金・出金操作マニュアル」

すべての操作手順を画面で徹底解説しました。初心者でも簡単に送金、出金の操作ができるマニュアルです。操作ボタンの中国語もすべて日本語訳をしましたので、間違うことなく送金や出金ができるようにご用意しました。

特典3 「アリペイに複数の銀行口座を紐づける方法」

タオバオでの売上を日本円で回収するためには、複数の銀行口座をアリペイと紐づける設定が必要になります。操作で間違えやすい部分も画面で徹底解説しましたのでぜひ活用してください。

特典4 「EMSマイページ用タオバオ注文CSV変換ツール」

中国向けの発送で一番使われる郵便局のEMS（国際スピード便）の伝票をプリンターで簡単に印字できるのが「EMSマイページサービス」です。このツールを使えば、難しい中国語住所を手書きする必要がなくなり、大量注文での伝票印字も一括処理が可能になります。

特典5 「タオバオ販売禁止商品一覧表（中国語・日本語訳）」

知らずにタオバオで出品して販売してしまうと違反警告やペナルティを受けることもあるので、タオバオで販売禁止商品を把握することは非常に重要です。この特典資料で禁止商品を確認し、違反にならない商品を出品するように活用してください。

特典プレゼントのお申し込みは、こちらからダウンロードしてください。

● https://taobao-support.net/tokuten/

●パスワード：1010

▼読者特典のダウンロードページ

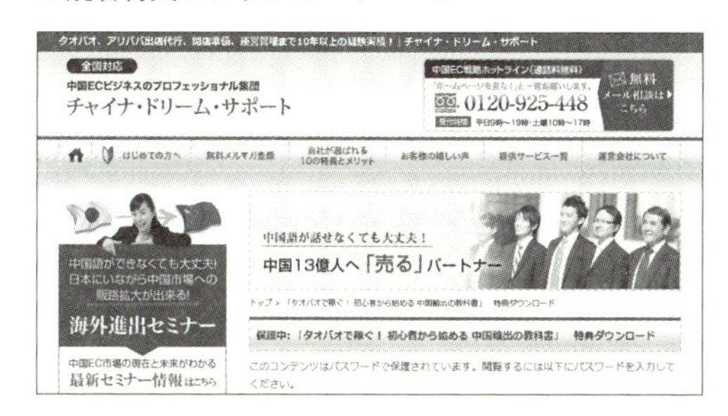

ダウンロードページには、これ以外にも数多くの読者特典をご用意しています。具体的な中国ビジネスの相談などもフォームを使って受け付けておりますので、ぜひ、アクセスしてください。

※特典プレゼントは予告なく内容変更や配布を終了することがあります。ご了承下さい。

目 次

Chapter 1 沸騰する中国ECマーケット

Chapter 2
日本のECと大違い！タオバオの仕組み

Chapter 3

タオバオに出店してみよう

Chapter 4

タオバオに商品を出品しよう

Chapter 5

実践!
タオバオ運営方法

Chapter 6

タオバオ運営で困ったときの対処法

Chapter 7

タオバオでさらに稼ぐためのコツ

Chapter 01

沸騰する
中国ECマーケット

Chapter 01

Section 01

なぜ「今」日本人が中国ECをするべきか?

ネット通販のグローバル化の流れ

1997年5月に楽天市場というネットショッピングモール（電子商店街）が誕生して、もうすぐ20年になろうとしています。

ネットショップなどのEC（電子商取引=Eコマース）が誕生する前の小売店というと、業種により多少の違いがありますが、店舗に訪問可能な範囲のお客様だけを対象としたビジネスでした。商圏の範囲はせいぜい半径数キロ～数十キロといったところでしょうか。

それが今ではどうでしょうか？　地方のネットショップが日本中のお客様を対象にしてインターネットの力で販売するのは当たり前になっています。

このような20年前の革命的な変化の次の大きな波が、「今」まさに起こり始めています。日本の地方にあるネットショップが、人口13億人を超える中国のお客様に商品を販売する。アメリカやヨーロッパなど、それこそ世界中のお客様に、日本にいながら商品を販売する「ネット通販のグローバル化（国際化）」が数年前から本格的に動き出しています。

あなたもそのことに気づいたからこそ、本書を手に取ったのではないでしょうか？

茹でガエルになるか？　それとも飛び出すか？

「茹でガエルの法則」という有名な話があります。2匹のカエルを用意し、一方は熱湯に入れ、もう一方は常温の水に入れて徐々に熱していく。すると、前者は直ちに飛び跳ねて脱出しようとするのに対し、後者は水温の上昇を知覚できずに死亡します。これは、ビジネス環境の緩やかな変化に対応することの難しさに対する警句です。

日本の総人口は減少傾向にあります。内閣府の高齢社会白書によると、

2050年には1億人を割るとも予測されています。また、総人口の減少だけではなく、高齢者の比率も急激に上昇していき、逆に15～59歳までの頻繁に買い物をする年齢層が急速に減ってきています。高齢者向けの商品を販売している店舗を除けば、子供向け商品や若い人向けの商品は確実に需要が減っていくことになります。

ネット通販を運営している人にとって、じわじわとお客様が減ってきている日本国内だけで勝負をするのは、少しずつ温度が上昇している鍋の中で茹で上がるのをじっと待っているカエルのようなものです。

本書では新天地に飛び出し生き残るカエルのように、お客様がたくさんいる巨大な中国EC市場にチャレンジする人の手助けとなるよう、中国ECの№.1の売上と知名度を誇る「淘宝(タオバオ)」についてわかりやすく解説していきます。

▼日本の将来人口推計

年数(年)	合計
2010	1億2,806万人
2015	1億2,711万人
2020	1億2,410万人
2030	1億1,662万人
2040	1億728万人
2050	9,708万人
2060	8,674万人

※内閣府2016年版高齢社会白書より

▼日本の年齢区分別将来人口推計（総人口比）

年齢 (年)	0-14歳(%)	15-59歳(%)	60歳以上(%)
2010	13.1	55.4	31.5
2015	12.7	53.9	33.4
2020	11.7	53.2	35.1
2030	10.3	51.0	38.7
2040	10.0	46.7	43.3
2050	9.7	45.2	45.1
2060	9.1	44.4	46.5

※内閣府2016年版高齢社会白書より

世界の工場から世界の市場へ

なぜ数ある海外市場の中で中国EC市場を狙うのか？　理由は大きく2つあります。

１つ目の理由は、中国人の賃金上昇による購買力のアップです。

中国の平均賃金は直近10年（2005年～2015年）で約3.4倍と急上昇しています。これは厚生労働省（賃金構造基本統計調査結果）によると、日本の大卒初任給の平均月収が20.5万円なので、10年後には約70万円になるようなものです。日本では考えられない急成長を遂げているのが、現在の中国なのです。

▼中国の平均賃金の推移

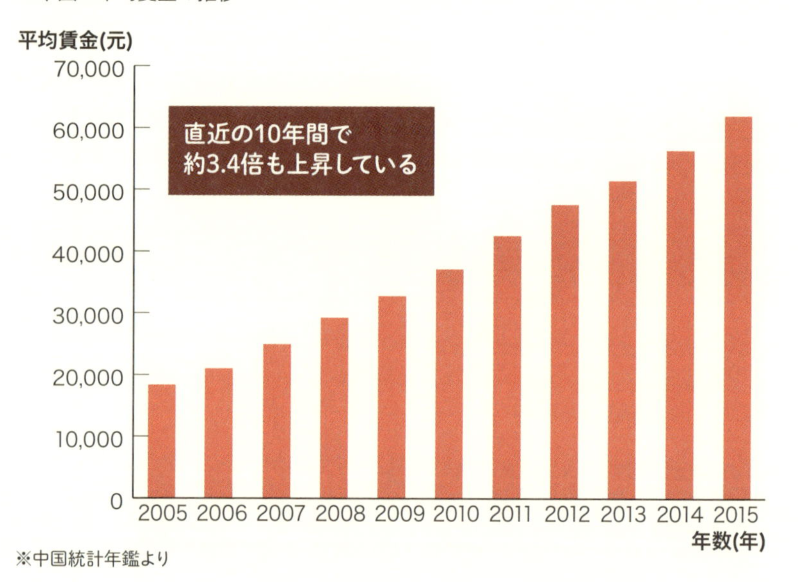

※中国統計年鑑より

以前の中国は安価な労働力を武器に「世界の工場」と呼ばれていました。これまで製造業を中心に多くの日本企業も中国に進出していましたが、中国人の賃金上昇により製造コストがアップし、より労働力の安い東南アジアなどに工場を移転し、中国から撤退する日本企業が増えています。

賃金の上昇とは、つまりは購買力の向上です。中国は安い労働力を利用した「世界の工場」から、購買力を持つお客様がたくさんいる「世界の市場」へと変わりつつあります。

ユニクロが中国での生産工場を減らして、逆に販売店舗を増やしていることも、この変化を象徴しています。

なぜ中国人に日本製品が人気なのか？

2つ目の理由は、中国人にとって日本製品が非常に魅力的だということです。

多くの中国人が自国で生産された中国製の商品を信用していません。儲かりさえすれば良いと考える悪徳業者が起こした様々な事件がこれまで報道されており、中国製の商品への不信感を生んでいます。

特に食の安全に関わる有名な事件としては、2008年にメラミンで汚染された粉ミルクを飲んだ乳児が次々と腎臓結石となり、6人が死亡、29万人もの乳幼児が被害を受けたこともありました。しかも、メラミンを混入した企業は22社もあり、どの中国企業をも信用できなくなる事件でした。

このように自国製品に不信感を持つ中国人にとって、特に口に入れる食品やサプリメントなどの健康食品、肌に直接触れる化粧品、紙おむつなどは日本の製品なら安心、安全であるという信頼感の高さが、日本製が人気である大きな理由です。

また、中国で人気のある日本製品は、食品や化粧品だけではありません。アパレルなどファッション系や電化製品、アニメ関係など様々な日本の先進的なクオリティが高い商品は中国で大人気です。タオバオなどの中国ECで大量に売れている日本製の商品は他にもたくさんあり、検索して調査してみるとその爆発的な売れ行きに驚くことでしょう。

▼日本のシリアルを販売している店舗の商品ページ

「累计评论(累計評価)」の224853が累計の評価件数。右隣りの「交易成功(取引成功)」の29796が直近30日間で取引が完了(商品の配達完了状態)した個数。月間2万9,796個の販売記録があることがわかる。

▼猛烈な勢いで売れている

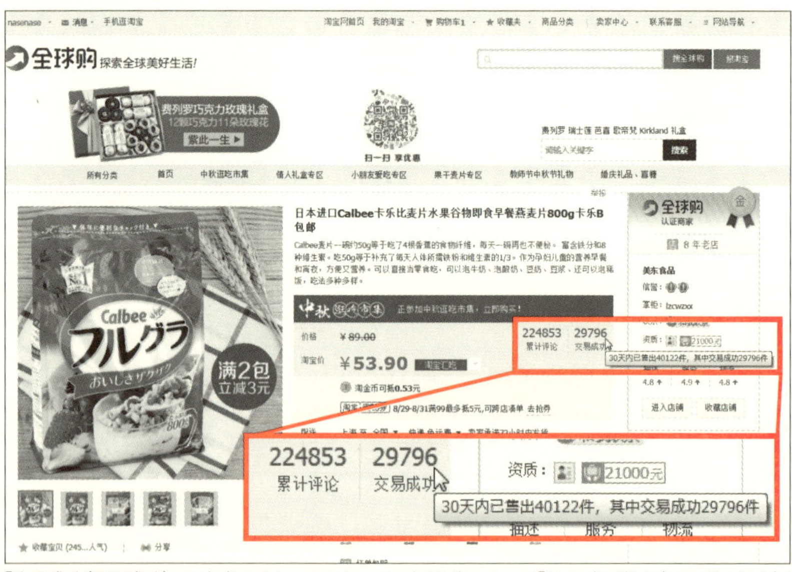

「交易成功(取引成功)」の文字の上にマウスオーバーすると表示される「30天内已售出(30日間の注文)」には、月間4万122個の注文が表示されている。注文はされているがまだ取引完了はしていない(商品の配達途中など)販売個数も含まれる。

Section 02 中国EC小売り市場は75兆6,000億円！

日本の5.4倍の中国EC市場！

中国EC小売り市場全体（BtoCとCtoCの合算）は、2013年に米国を抜いて、すでに世界一の市場規模です。その市場規模は、2015年に3.8兆元（約75兆6,000億円）となり、前年度比で36.2%の成長を続けています。中国ネットリサーチ最大手である艾瑞諮詢（iResearch）社の予測によると、今後も20〜30%の成長率が予想され、2018年には約2倍の7.5兆元（112兆5,000億円）と100兆円をゆうに突破するだろうと発表されています。

▼中国EC小売り市場（BtoCとCtoCの合算）流通規模

	流通総額(兆元)	成長率(%)
2011年	0.8	70.2%
2012年	1.2	51.3%
2013年	1.9	59.4%
2014年	2.8	46.9%
2015年	3.8	36.2%
2016年e	5.0	30.7%
2017年e	6.2	25.4%
2018年e	7.5	20.4%

※艾瑞諮詢(iResearch)社より

中国EC成功のコンセプトは超スピード！！！

著者が中国EC市場にチャレンジしようとする日本人に一番伝えたいことは、中国EC市場の「超スピード」とでもいうべき成長の速度と変化です。

楽天市場の「成功のコンセプト」として有名な言葉に「スピード！！スピード！！スピード！！」と3回もスピードという言葉を繰り返すキーワードが「成功の秘訣」として強調されています。この言葉の解説に「重要なのは他社が1年かかることを1カ月でやり遂げるスピード。勝負はこの2

〜3年で分かれる。」とありますが、中国ECは、その数倍のスピード感が必要です。他社が1年かかることを1週間でやり遂げるスピード。勝負は2〜3年後ではなく、すでに今この時に分かれ始めています。

日本企業の最大の欠点でもある「検討」、「持ち帰って上司の決裁」、「社内稟議」などは、ぬるま湯のような日本では通用するかもしれませんが、中国では通用しません。中国では、大手企業であっても経営者はもちろん、担当者レベルでも即断即決でビジネスチャンスを逃さないのが普通です。

あなたが決裁権のある経営者なら、初年度は試運転ぐらいの気持ちで早くチャレンジをスタートすることが重要です。もし決裁権がないのなら、経営トップに本書を読んでもらってください。市場がとんでもないスピードで変化する中国で、3年間の売上予測シミュレーションの作成に時間をかけるようなことは無駄といっても過言ではありません。それよりもスタート後の検証や改善をすばやく柔軟にすることの方が、よっぽど良い結果につながります。

楽天市場やeBay、Amazonとの比較

中国EC市場の全体像を理解するのに、日本国内では最大規模の楽天市場や、越境ECで中国向けとともに注目されているAmazonグローバルやeBayとの売上規模を比較しやすいようにグラフで見てみましょう。各モールが公開している2015年の流通総額を円換算で数値化しています。棒グラフで各モールの売上高を、前年比の成長率を点で表しました。

▼2015年 年間流通規模比較

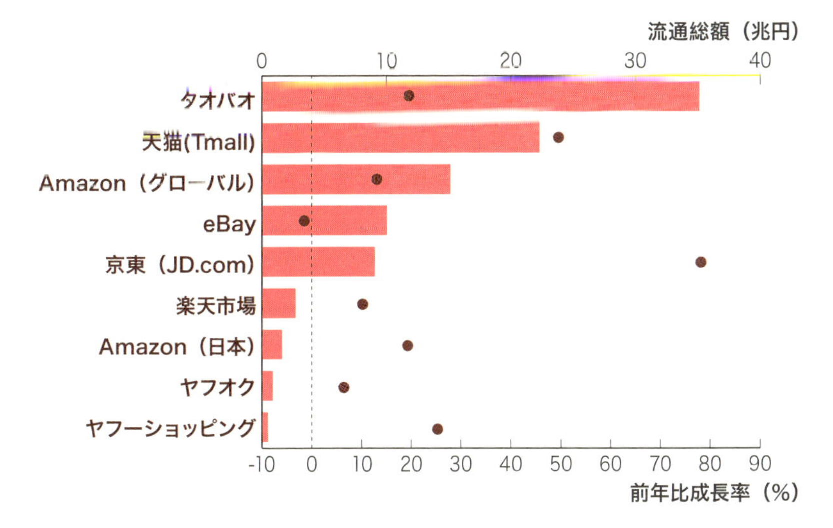

タオバオが35兆1,117億円（1兆8,090億人民元）でダントツの世界一の流通総額です。タオバオと同じアリババグループの天猫（Tmall）が22兆2,723億円（1兆1,410億人民元）で2位となります。

このアリババグループのタオバオ（CtoC）と天猫（Tmall）（BtoC）の合計で57兆3,840億円（2兆9,500億元）にもなり、中国EC市場の中でのアリババグループの存在感がわかります。

中国ECとしては、京東商城（JD.com）や京東全球購（JD Worldwide）などを運営するJD.comが9兆319億円（4,627億人民元）と前年比78%増の急成長を遂げており、eBayを追い越すのは時間の問題です。

一方、アメリカを中心にヨーロッパなど世界11カ国で出品サービスを展開しているAmazonグローバルは、流通総額が15兆1,500億円程度と推測されています。また世界の30カ国以上の国や地域で出品が可能なeBayも全世界合計の流通総額が10兆81億円と、AmazonグローバルとeBayを合算しても25兆1,581億円なので、世界のECモールの巨人が束になってもタオバオには遠く及ばない売上の差がついています。

実際の流通総額や成長率をグラフで比較してみると、越境ECで日本企業がチャレンジしがいのある市場がどこなのかがよくわかるのではないでしょうか？

中国 総人口もインターネット普及率も発展途上中

2016年8月に中国インターネット情報センター（CNNIC）が「第38回中国インターネット発展状況統計報告」を発表しました。報告によると、中国のネットユーザー数は7億985万人でインターネット普及率は51.7%に達し、中国総人口の半数を超えています。

先進国の日本がインターネット普及率83%で1億人以上（総務省 通信利用動向調査）がインターネットを利用していることを考えると、いずれ中国も同レベルになることが予想され、まだまだ普及率は発展途上中といえます。

中国国家統計局が発表したデータによると、中国本土の総人口は2015年末の時点で13億7,462万人で人口増加が続いています。この数字には香港、マカオ、台湾や海外の華僑は含まれていません。

しかも、中国で36年間続いた夫婦１組に子供を1人と制限する「一人っ子政策」が完全廃止され、2016年1月1日からすべての夫婦に第2子までの出産を認める「全面二孩制度」がスタートしました。このことも影響して中国の人口は14億人を超え、ピーク時には14億5,000万人に達すると予測されています。

14億以上の人口の80%程度がいずれインターネットをするようになれば、11.2億人まで膨れ上がる計算になり、現在の約7.1億人から、さらに4億人以上も増える余地があります。

インターネットが普及するにしたがって、今後も中国EC市場が拡大するのは間違いありません。

▼中国インターネット普及率とネットユーザー数

	ネットユーザー数	インターネット普及率（%）
現在	7億985万人	51.7
将来予測	11億2,000万人	80.0

4億人アップ！

Section 03 急成長を続ける中国越境EC市場

越境ECとは

越境ECとは、インターネット通販サイトを通じた国際的な電子商取引（Electronic Commerceの略語）です。

日本にいながら海外の消費者にネット通販サイトなどで商品を販売することを「越境EC」と呼び、数年前から経済産業省なども日本の景気回復に寄与するとして支援を強めています。

Amazon輸出やeBay輸出など欧米向けの越境ECとして取り組みを始めたり、新規事業としてチャレンジしようとしている人も多いのではないでしょうか？

越境ECの中でも14億にせまる人口の中国向け越境ECは、特に注目されています。急成長を続ける中国EC市場ですが、日本の企業として気になるのは、その中でも日本から中国への越境EC市場です。そこで、中国人消費者の消費行動として有名な「爆買い」と「越境EC」の関係や、中国越境ECの現在と未来についてデータをもとに解説していきます。

「爆買い」の正体と終わりの始まり

訪日中国人旅行者が日本製品を大量に購入する「爆買い」を、ニュースなどで見たことがある人も多いのではないでしょうか？　2015年の「ユーキャン新語・流行語大賞」（「現代用語の基礎知識」選）でも大賞を受賞し、日本中で注目されました。

爆買いは、高級炊飯器やカメラ、温水洗浄便座などの高価な家電製品から始まり、ドラッグストアなどで化粧品や日用品、医薬品などの生活用品も大量に買われ、連日ニュースでも報じられました。

爆買いといわれる行動は、もちろん自分で使用するための購入もあるのですが、親族や友人への日本旅行のお土産としても多く購入されています。

2015年の訪日中国人は499万人（日本政府観光局（JNTO）より）と日本へ訪れた外国人全体の4分の1で、国別ではダントツのトップです。日本人からするとたくさんの中国人が来ているように感じますが、実は中国で1年間に海外旅行する人数は約1億人なので、実に20人に1人しか日本に来ていない計算になります（GFKマーケティングサービスジャパン調査）。

つまり日本に旅行に行くのはとても珍しいことで、親戚はもちろん、友人や会社関係などから日本製品のお土産を求められるため爆買いにつながる側面もあります。

「爆買い」は、個人使用やお土産としての需要以外に、中国語で「代購」といわれる転売ビジネスによっても引き起こされています。文字通り、代わりに購入するという意味で、実はそのような転売の仕入れ目的で日本旅行と称してやってくる中国人も多く、日本在住の中国人留学生などもアルバイトするより儲かると「代購」をする人が増えました。

代購として日本で爆買いした商品は、個人名義で出店ができるタオバオに店舗を構えて販売したり、中国SNSである微信（WeChat）やQQ（中国テンセント社のインスタントメッセンジャー）で知人などに販売する中国人がたくさんいます。

越境EC新税制の影響は？

2016年9月現在、中国人による爆買いは急速に終焉を迎えようとしています。代購ビジネスがもてはやされたのには、これまでは個人使用としての名目で関税などの課税をまぬがれていたため、正規通関をして関税を支払っている中国の百貨店などで販売されている日本製品よりも安く販売できた背景があります。

中国政府は、正規通関でまじめに関税を支払う一般貿易との不公平感を問題視するようになり、2016年4月8日に「越境ECにかかる新税制」を導入しました。これまでは代購などの越境ECにも適用されていた行郵税（入国する個人の荷物や個人の郵便物に対する輸入関税）が越境ECに適用されなくなり、課税金額が少額な場合は免税だった優遇措置もなくなり、低単価の商品は増税となりました。しかし販売価格やカテゴリによっては減税の対象となっています。

▼越境ECにかかる新税制の改正前後の税率変化

主な商品分類	商品価格	新税制改正前	新税制改正後	増税率
食品、健康食品、ベビー用品、雑貨	500元以下	行郵税10%→0%（行郵税50元以下のため免税）	増値税17%×0.7=11.9%	11.9%
	500元超	行郵税10%		1.9%
化粧品	100元以下	行郵税50%→0%（行郵税50元以下のため免税）	課税消費税（30%）分×0.7＋増値税（17%）分×0.7＝旧売価に対して47%相当	47.0%
	100元超	行郵税50%		-3.0%
アパレル、電化製品	250元以下	行郵税20%→0%（行郵税50元以下のため免税）	増値税17%×0.7=11.9%	11.9
	250元超	行郵税20%		-8.1%

そして「爆買い」はインバウンドから越境ECへ

「越境EC」での課税金額が50元以下などの免税がなくなり、中国政府は「越境EC」をやめさせたいのではないかと早とちりしてはいけません。中国政府は今後も「越境EC」を推進していくと見るべきです。

「越境ECにかかる新税制」の導入は、越境ECには貿易性があり、「行郵税」では関税、増値税、消費税を徴収する一般貿易との税負担の不公平感がいちじるしく、これを是正するためと中国財政部が発表しています。

中国政府が越境ECに力を入れている証としては、関税を0%と免除（購入金額の上限条件あり）、増値税や消費税の30%の減額、一度の購入金額上限を従来の1,000元から2,000元にアップしたことからも見て取れます。

▼越境EC新税制のポイント

1	一度の購入金額上限を2,000元に引き上げ（以前は1,000元）
2	1人の年間購入金額の上限は2万元（現状通り）
3	購入金額の上限以下の購入商品に対しては関税率は0%にする。ただし、上限金額を超える場合は、一般貿易と同じ税率を適用
4	輸入に関する増値税を30%減額し、すべてに適用（増値税17%×70%=11.9%）
5	消費税がかかる場合（商品によっては消費税がかかるケースがある）、30%減額で適用する（消費税30%の商品の場合、30%×70%=21%）
6	行郵税を適用せず、現状の個人輸入関税50元までの免税措置を廃止
大きな変更点は、「行郵税」が適用されず免税範囲がなくなったこと。商品によっては実質減税と増税の場合あり。	

日本に来て買い物をした中国人の「インバウンド消費」は、2015年に8,089億円でした。

同年の日本からの中国向け越境EC消費は7,956億円と同レベルにすでに達し、今後「爆買い」は間違いなくインバウンドから越境ECへシフトしていきます。越境EC新税制の導入で訪日中国人の手荷物も中国各地の税関で厳しく課税されるようになったので、飛行機代を使ってでも日本まで来て購入するメリットがなくなりました。

一般貿易より優遇される越境ECで購入するメリットの方が大きくなったのです。

▼2015年　中国人の日本からのインバウンド消費額と越境EC消費額

何もしなくても中国人が大勢来て商品を買ってくれる「爆買い」が減少してきたと嘆くだけでは、売上が減少していくことを止めることはできません。中国人の旺盛な日本製品への需要がなくなったのではなく、越境ECにシフトしていることをしっかり理解して対策をするべきです。訪日中国人の爆買いが「モノ消費（物品の購入消費）」から「コト消費（体験などの消費）」に変わりつつあるのは間違いありませんが、物販系の店舗はインバウンド型から越境EC型への変化をせまられていることに早く気づいて行動する必要があるのです。

中国越境EC市場の過去、現在、未来

それでは中国越境EC市場の過去と現在を確認し、今後日本企業がどのように向き合っていけば良いかを探るため未来予測を見てみましょう。2008年の中国越境EC市場の海外から購入した分の流通総額は約400億元でしたが、2015年には約9,000億元と20倍以上に成長しています。特に2013年からの急成長はすさまじく、2017年には1兆8,800億元という流通総額が予測されています。

これから越境ECを検討している日本のネット通販事業者としては、越境EC市場の中でも、日本から中国向けの市場規模や今後の予測が気になるところです。経済産業省から2015年度のEC市場規模に関する調査結果が発表され、2015年の実績は先述した通り7,956億円でしたが、たった4年後の2019年度には2.94倍となる2兆3,359億円に到達する推計となっています。

▼越境EC市場規模データ分析

	輸入(億元)	成長率(%)
2008年	400	
2009年	600	50%
2010年	900	50%
2011年	2,300	156%
2012年	2,000	-13%
2013年	3,500	75%
2014年	6,200	77%
2015年	9,000	45%
2016年	13,490	50%
2017年	18,800	39%

▼日本から中国消費者向け越境EC市場規模ポテンシャル（推計値）

消費国	販売国	2015年	2016年	2017年	2018年	2019年
中国	日本	7,956	10,788	14,305	18,568	23,359
	米国	8,442	11,447	15,179	19,703	24,786
	(合計)	16,398	22,235	29,484	38,271	48,145

経済産業省　平成27年度我が国経済社会の情報化・サービス化に係る基盤整備(電子商取引に関する市場調査)

Chapter 01

Section 04

年間35兆円の売上！「タオバオ」とは?

世界最大のショッピングモール「タオバオ」とは

ここでは本書のメインテーマである、中国電子商取引最大手のアリババグループが運営する売上と知名度で中国№.1のネットショッピングモール、タオバオについてお話しします。

タオバオ（淘宝/Taobao）とは、アリババグループにより2003年に設立されたオンラインショッピングモールです。中国語では淘宝网と書き、漢字を直訳すると宝物をすくう網という意味です。誕生から4年後の2007年には日本の楽天市場の年間流通総額を上回り、その後も驚異的な成長を続け、2015年には「35兆円」を超える流通総額を誇る中国EC№.1、いや世界のECで№.1のサイトです。

ユーザー数は驚異の5億人超え

ユーザー数は驚異の5億人！　アメリカと日本の全人口を合計した人数より多いユーザーがタオバオに登録して、ネットショッピングを楽しんでいる驚異のプラットフォームです。1日のアクティブユーザー数は1.2億人、商品数は10億超、中国ECのタオバオと天猫（Tmall）の合計シェアは85.1％ともいわれ、中国向けの越境ECを日本のネット通販事業者が検討する時に、第一に名前があがることも多いです。

第1章の冒頭で紹介した月間4万個以上の商品を販売しているショップもタオバオの店舗です。

タオバオは、市場が大きい分だけ競争も日本以上に激しいですが、成功した時の売上も日本では考えられない大きさで、「チャイナドリーム」をつかんだ店舗はタオバオに数多くあります。

そもそも5億人ものお客様に販売が可能な場所は、めったにありません。あなたの売りたい商品を求めている人がきっといる、そんな場所がタオバオなのです。

タオバオの驚くべき成長速度！

それでは、タオバオのこれまでの流通総額をもとに、どのように成長しているかを見てみましょう。

日本最大のショッピングモールの楽天市場と比較しています。楽天市場の当時の流通総額である5,370億円を初めて超えて、5,980億円となったのが2007年でした。その後、楽天市場が毎年いくつも誕生するようなペースで流通総額を伸ばしていきました。2012年まではタオバオと天猫（Tmall）の合算でしか発表がなかったのですが、ニューヨーク証券取引所に上場するために2013年から詳細が発表されるようになりました。

著者が何度も中国ECはスピードが大事というのは、このような信じられない成長速度で市場が拡大しているためです。このグラフを見て出店前の事業計画をつくる際に3年後や5年後の予測をすることが、中国のスピード感とあまりにかけ離れているように感じるのです。

▼タオバオ＆天猫（Tmall）と楽天市場の年間流通総額比較　2007年～2015年

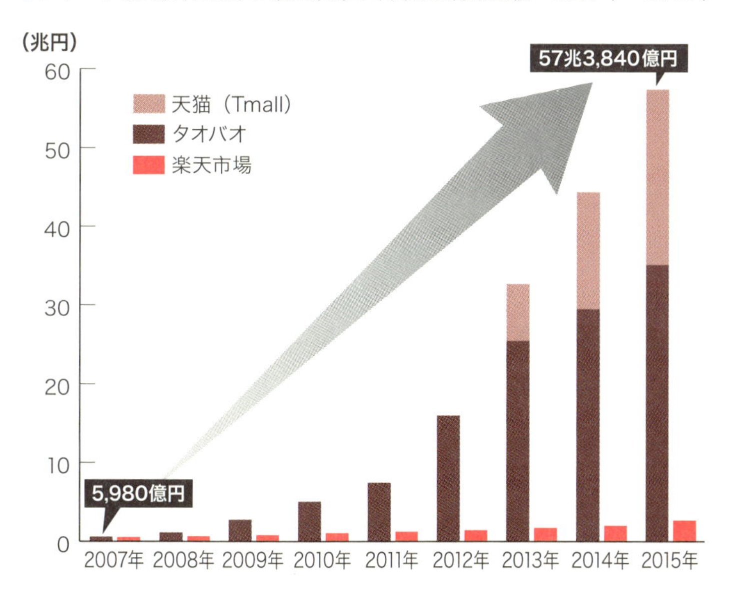

タオバオを運営するアリババとは？

2016年3月21日午後2時58分37秒、中国EC最大手の阿里巴巴集団（アリババグループ）本社の会場で、同社社員や多くのメディアが会場に設置された大型スクリーンに映し出された13ケタの数字を見て大歓声を上げました。

「3,000,000,000,000」という13ケタの数字は、2015年4月からこの時までの「タオバオ」や「天猫（Tmall）」といったアリババの消費者向けECサイトの総取引金額である3兆元を示しています。

アリババは、2003年にCtoCのタオバオをかわきりに、2008年にBtoCの淘宝商城（タオバオモール）、その淘宝商城を2012年に天猫（Tmall）と名称変更をし、2014年にBtoCの天猫国際（Tmall Global ）、2015年にBtoCのタオバオ企業店舗をスタートしました。消費者向けECの中国最大のプラットフォームを運営する中国ECの巨人です。

そして、世界最大の小売業である米国のウォルマート・ストアーズの売上を超えた世界一の小売流通企業です。

中国浙江省が本社のアリババは、元英語教師であった馬雲（ジャック・マー）氏が設立した会社です。タオバオや天猫（Tmall）で日本でも名前が知られるようになりましたが、事業のスタートはBtoB（企業間電子商取引）のオンラインマーケットである「1688.com（https://www.1688.com/)」です。サイトの名称は「阿里巴巴中国交易市場」から2010年に「1688.com」に変更されましたが、アリババグループ創業からの本流の事業です。著者が代表を務める会社では、日本企業が中国企業に卸売をする、この1688.comの運営代行もしており、中国企業からコンテナ単位の注文を受け中国に輸出しています。こちらのサイトも、日本のメーカーや卸売業者を中心にやっと近年注目されてきています。

▼アリババグループが運営するBtoB（企業間電子商取引）オンラインマーケット

米国上場！ 時価総額 トヨタやFacebookを超える

アリババは2014年に米ニューヨーク証券取引所（NYSE）に上場し、時価総額が初日に2,310億ドル（約25兆円）に達し、トヨタ自動車（約22兆円）を超えました。これは米国のFacebookやAmazon.com, Inc.をも超えたので、アメリカや日本でも大きく報道されました。

アリババと聞くと「アリババと40人の盗賊」からアリババは盗賊であるかのようなイメージがありますが、実はそうではありません。盗賊が洞窟に隠した財宝を「開けゴマ」の呪文で扉を開けて、中の財宝を国中の貧しい人たちに分け与え、みんなを豊かにした英雄がアリババです。

アリババ創業者の馬雲は、「アリババ」という言葉は世界中の人が知っているし、言語の違いがあっても「アリババ」の発音に大差がないとの理由で社名にしたそうです。そして、世界への扉を開けて「中小企業が貿易というこれまで複雑で難しかった仕事を簡単にする」という意味も込めてネットビジネスをスタートしました。

Chapter 01

Section 05

中国越境ECでなぜタオバオを選ぶのか?

今のショップを中国語にしてもダメな理由

独自ドメインを使ってネットショップを運営している人の多くが、現在の自社ネットショップを中国語に翻訳して中国人向けに販売をしようと考えると思います。しかし残念ながら、それでは中国人ユーザーに見てもらえる確率は非常に低いです。

その理由は、日本で検索エンジンといえばグーグルやヤフージャパンですが、中国では百度（バイドゥ）という検索エンジンが主流だからです。百度で検索しても日本のネットショップが検索結果で上位表示されることは、ほぼありません。これは中国語と日本語という言語の問題と、サーバーがどこの国にあるかが検索結果の重要な要素となるためです。ですから、せっかく自社のネットショップを中国語にしても、日本在住の中国人ユーザーにとっては便利ですが、中国在住のユーザーに見つけてもらうのは難しいでしょう。

中国で独自ECサイトは不可能？

では、中国でドメインを取得して、レンタルサーバーなどを利用して自社ECサイトの立ち上げを考えると思いますが、これも残念ながら難しいです。中国で独自のウェブサイトを公開するには、営利目的であれ非営利目的であれ、中国政府へICP（Internet Content Provider）申請の届け出をして、審査や許可を受けなければなりません。これに違反するとアクセス遮断や、その他刑事責任を含む罰則を受けることになります。営利目的のサイトは審査も非常に厳しくなります。

中国では日本のように簡単に独自ドメインでのECショップの開設をするのは現実的ではないため、タオバオのように経営性ICPライセンスを取得しているモールへの出店という形でネットショップを始めるのが簡単です。

天猫国際（Tmall Global）出店への大きな壁

中国向け越境ECでのモールには、大きく分けて2種類の取引形態があります。タオバオのようなCtoC（一般消費者同士の取引）と天猫国際（Tmall Global）のようなBtoC（企業と一般消費者の取引）です。

ユニクロや花王、マツモトキヨシなど有名な日本企業が天猫国際に出店しており、出店を希望する日本企業は非常に多いです。しかし、現在アリババグループは天猫国際を招待制としているため、実質的には大手企業しか出店が認められない状態です。

また、アリババから招待されたとしても、無料で出店できるわけではありません。扱う商品のカテゴリによって異なりますが、15万元（約225万円）もしくは、30万元（約450万円）の保証金や、3万元（約45万円）もしくは6万元（約90万円）の技術サービス費用という年間の固定費用も必要です。その他の広告費などの費用も合わせると、初年度から数千万円の投資が必要な場合も多く、中小企業や個人事業主にとっては天猫国際出店への高い大きな壁となっています。

もし資金面をクリアできても、大手企業しか実質的に審査が通らない招待制をクリアすることが難しく、状況が変わらない限りタオバオ出店が中国越境ECの一番の選択肢になります。

それでは次から、なぜタオバオ出店を選ぶのかについて詳しくポイントを解説していきます。

淘宝（タオバオ）出店を選ぶ3つの理由　その1

1つ目の理由は、タオバオのユーザー数の多さです。中国人でタオバオを知らない人はまずいないでしょう。アリババグループが発表している登録ユーザー数は5億人を超えており、これは日本の総人口の約4倍以上にもなります。

またタオバオの中国ECにおけるシェアも非常に高く、日本企業が中国越境ECを検討する時に優先順位が高いモールになります。

淘宝（タオバオ）出店を選ぶ3つの理由　その2

2つ目の理由は、日本人を含む外国人でも個人での出店が可能だからです。

天猫国際のように招待制ではないので、パスポートなどの身分証明書や第3章で詳しく解説する中国本土の銀行口座を用意さえすれば、出店申請を受け付けてくれます。

中国籍の企業であれば法人名義での出店も可能ですが、日本企業としてタオバオ出店をビジネスとする場合は、代表者などの個人名義で出店することになります。

淘宝（タオバオ）出店を選ぶ3つの理由　その3

3つ目の理由は、販売可能な商品カテゴリが多いことです。タオバオは個人向けに少量を販売するのが普通なので、様々な貿易の規制が適用される一般貿易と違います。一般貿易では難しい化粧品・食品・健康食品など中国で人気のある日本製品の商品カテゴリでも販売が可能です。例えば食品関係を一般貿易で中国に輸入しようとすると原産地証明書、放射能検査レポート、成分の中国語ラベルの用意など費用と時間がかかる場合が多いので、タオバオのように簡単に販売をすることが難しいのです。

Chapter 02

日本のECと大違い！タオバオの仕組み

Chapter 02
Section 01

出店・出品すべて無料！タオバオの仕組み

タオバオへは諸経費無料で出店できる

タオバオはヤフオクのようなオークション（1円スタートで入札など）型ではなく、どちらかというと楽天市場やヤフーショッピングのようなモール型です。モールに店舗（ショップ）を出店し、そのページから販売を行います。

特筆すべきは、固定費の安さです。タオバオへの出店は、初期費用、毎月の固定費用、売上のロイヤリティが無料です。日本国内ではヤフーショッピングが同様のサービスを取り入れ始めましたが、タオバオでは10年以上前から「すべて無料」です。

タオバオへの出店は諸経費が安い

- **初期費用無料！**
- **毎月の固定費無料！**
- **売上ロイヤリティ無料！**

実際にタオバオにアクセスしてみよう

実際にタオバオにアクセスし、ユーザーとして商品を閲覧してみましょう。まずは、タオバオのトップページにアクセスします。

タオバオのトップページで、検索枠に自分が探している商品に関連するキーワードを入力して検索します。楽天市場などで商品を探す時と同様の操作です。

日本からアクセスしている場合、中国人ユーザーが見ている中国大陸版ではなく、日本版になっている場合があるので変更方法も解説します。

1 ❶タオバオトップページ（https://world.taobao.com/）にアクセスし、「全球」もしくは「日本」と書かれたボタンをマウスオーバーする。
❷「中国大陆（中国大陸）」を選び、日本版から中国大陸版に切り替える。

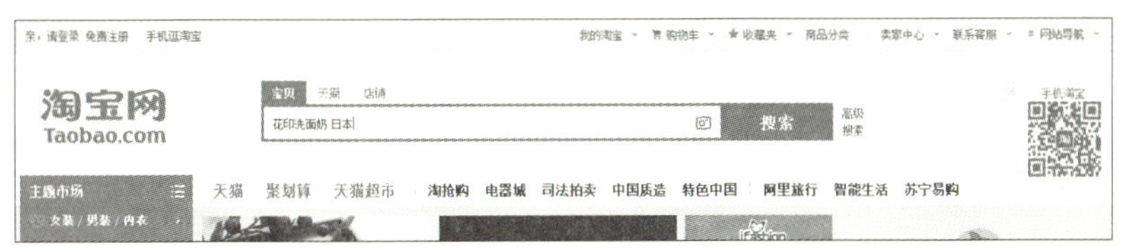

2 中国からアクセスした場合の通常のタオバオのトップページ。検索窓から「花印洗面奶 日本（花印洗顔料　日本）」とキーワードを入れて検索してみる。

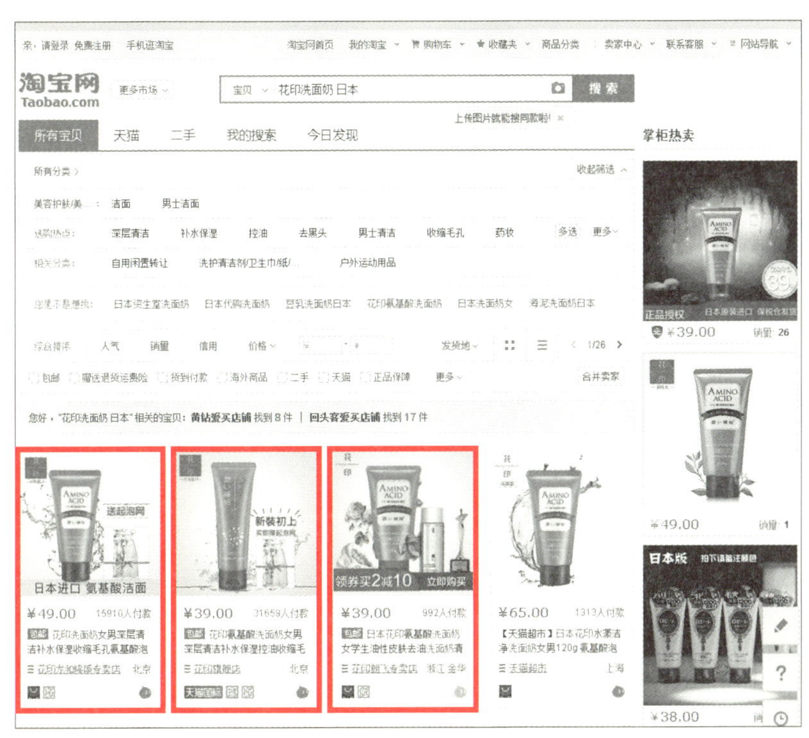

3 「花印洗面奶 日本」というキーワードで検索した結果が表示される。

実際に商品を購入するには「アリペイ」が必要

タオバオでの検索結果には、天猫国際（Tmall Global）や天猫（Tmall）などの別モールの店舗の商品が表示されることがありますが、これらすべてタオバオで購入が可能です。ユーザーはこの検索結果の中から画像や商品価格などを見比べて買い物をします。

ただし、日本国内から購入する場合、65ページで紹介する「アリペイ」の実名認証作業をしていないと購入することができません。

Point!

「￥」の表示は「元」であることに注意

タオバオでの取引に利用される通貨はすべて「人民元」です。タオバオのWEBページでは金額に「￥」マークが表示されているため、日本人にとっては紛らわしいのですが、タオバオに表示されている金額はすべて人民元であることに注意してください。

2016年9月10日の時点で、1人民元は約15円に相当します。タオバオで「￥1,000」と表示されている商品は、約1万5,000円ということになります。

Section 02 タオバオの決済システム「アリペイ」を理解する

アリペイ決済とは？

タオバオでメインで使われている決済方法は、「アリペイ（支付宝＝Alipay)」というエスクローサービス（売買の当事者以外の第三者が決済を仲介して取引の安全性を保証するサービス）です。販売する店舗と支払いをするユーザーの間に信用のある決済機関であるアリペイが入り、支払いを保証するものです。

日本人の場合、タオバオでは、アリペイの決済アカウントを認証していないと、出品することも、ユーザーとして商品を購入することもできません。また、アリペイの決済アカウントを認証するには、中国の銀行で開設した口座が必要です。このため、最初に中国まで渡航し、銀行口座の開設をはじめとする諸手続きを済ませることが、タオバオで出品する最初のハードルということになります。

中国での銀行口座開設やアリペイの決済アカウント認証、タオバオのID取得などの商品出品に必要な各種手続きについては、第3章以降で詳しく解説します。ここでは、アリペイがタオバオでどのような役割を果たすのか、概要を把握しておきましょう。

アリペイ決済の流れ

ユーザーが商品を注文してアリペイ決済してから売上入金までの流れは、次ページのステップで行われます。商品到着の受取確認をわざわざユーザーがしなくても、商品を発送した時に処理する「已发货（出荷済み)」から既定の日数がたつとシステムが自動的に取引完了とみなし、販売代金が店舗のアリペイに入金されることになります。

商品購入～決済完了までの流れ

STEP1 アリペイ口座にチャージされた残高を使用してタオバオ店舗で決済
STEP2 ユーザーのアリペイ口座の残高から商品代金分のみを凍結して確保
STEP3 アリペイよりタオバオ店舗へ決済完了の通知が届く

決済完了～商品受取確認までの流れ

STEP4 アリペイで代金の支払い（決済完了）が保証された後、商品を購入者向けに発送
STEP5 ユーザーのもとに商品が到着
STEP6 ユーザーがアリペイに対して商品の「确认收货（受取確認）」をするか、発送から既定の日数（中国発送10日後、日本発送20日後）が経過すると、代金の凍結が解除されて店舗の口座へ代金が振り込まれる

アリペイ手数料の仕組み

アリペイの決済手数料は基本無料です。ユーザーも店舗側も決済手数料はかかりません。しかし、送金方法によっては一部送金手数料がかかるので、「アリペイ送金手数料一覧表」をもとに解説していきます。タオバオ店舗アリペイから他人のアリペイや銀行口座に送金する場合、実名認証していれば、1カ月に2万元までの無料送金枠があります。1回及び1日の送金限度額が2万元というルールもあります。また、1カ月の送金額累計が2万元を超えた分に対して0.5%の送金手数料が別途かかります。

ただし、送金手数料は1回につき25元までという上限が同時に設定されています。このため、月間無料送金枠を超過した後、最大送金額である2万元を送金した場合でも、送金手数料は25元となります。

現在は、モバイルからの送金は送金手数料がかかりませんので、モバイルからの送金が一番お得です。

なお、アリペイを経由した金銭の移動には「转账（送金）」と「提现（出

金)」の2種類があり、自分の名義の銀行への提現（出金）の場合にも様々なルールがありますので、詳しくは「アリペイ出金手数料・限度額一覧表」を確認してください。

▼アリペイ送金手数料一覧表

支払方法	ユーザーのタイプ	アカウントタイプ	無料取引上限	限度額を超えた際のサービス料	サービス料上限	サービス料下限
モバイル	すべてのユーザー	すべて	サービス料無料	サービス料無料	無	無
PC	タオバオ店舗	実名認証ユーザー	毎月2万元(30万円)	0.5%	1件につき25元(375円)	1件につき1元(15円)
		非実名認証ユーザー	毎月1,000元(1万5千円)	0.5%	1件につき25元(375円)	1件につき1元(15円)
	上記のタイプを除く一般ユーザー	すべてのユーザー	無料枠はなし(一律の手数料)	0.1%	1件につき10元(150円)	1件につき0.5元(7.5円)

▼アリペイ出金手数料・限度額一覧表

ユーザー種類		一般ユーザー	タオバオ店舗
2時間以内・リアルタイム着金	出金枠/1回	5万元	20万元
	出金枠/1日	15万元	20万元
翌日着金	出金枠/1回	5万元	20万元
	出金枠/1日	無制限	無制限
出金手数料		0.1%	
手数料最低額		0.1元	

代金はいつアリペイに入金されるのか？

アリペイは特定の入金日がありません。1件ずつの取引ごとに入金があり、発送からの所定の日数が経過したり、ユーザーが受取確認をすれば店舗のアリペイ口座に入金されます。

日本から商品を直送する場合は、ユーザーの元に商品が到着し、ユーザーが「确认收货（受取確認）」の処理を行えばすぐに入金されます。ユーザーが受け取り確認をしなかった場合でも、遅くとも20日後には入金されます。

例外的に、中国の連休（春節時期）などで通関処理が込み合い商品が到着するまで時間がかかるような時期には、タオバオが別途延長する場合もあります。基本は、中国国内発送は10日後、日本から発送は20日後と覚えておくと良いでしょう。

また、遅配などの原因で商品が到着しない場合は、ユーザーまたは店舗それぞれから延長申請する方法もあります。

ユーザー側からの延長申請は、店舗側が承諾しなくても1回は延長になります。凍結されているアリペイの代金が店舗側に資金移動されるのを3日だけ延長することが可能です。その場合は、売上入金の時期がそれだけ遅れることになります。

延長申請のルール

- **ユーザー側からの延長可能期間と回数　3日間　1回のみ**
- **店舗側からの延長可能期間と回数　3日間、5日間、7日間、10日間
回数は制限なし**

クレジットカードは使われないの？

ネットショップの決済といえば、クレジットカードでの支払いが日本では一般的ではないでしょうか？

日本では成人1人あたり平均約3枚のクレジットカードを保有しているそうですが、中国では1人あたり0.34枚とまだ日本の約10分の1です。タオバオでの決済はアリペイがメインで、日本のようにクレジットカード決済は主流ではありません。

タオバオでもクレジットカード決済は可能ですが、この場合もアリペイ経由で行われるため、アリペイの決済アカウントを所有していないとやはり買い物はできません。

Section 03 タオバオの信用制度を理解する

ランク付けされるタオバオ店舗

タオバオでは、出店している各店舗にユーザーからの評価が下されます。さらに、下された評価は「信用」というマークによって常にユーザーに対して表示されるため、ユーザーは信用のスコアを見ながら、購入するかどうかを検討することができます。

タオバオで購入したユーザーは、店舗に対して3段階の評価を下しますが、この評価に応じて「分（点数）」が店舗に付与されます。この「分」が増えれば増えるほど、優良店舗として評価されることになるのです。

ユーザーは購入した商品に対して「好评（良い）」「中评（普通）」「差评（悪い）」と3種類の評価をつけることが可能です。

ユーザーが下す「好评（良い）」の評価は信用が1分（点数）アップ、「中评（普通）」は変更なしの0分（点数）、「差评（悪い）」はマイナス1分（点数）の信用数が店舗に反映されます。

分（点数）とは、購入した商品ごとに信用がついた累計数です。一度の取引で複数の商品購入があった場合でも、商品ごとに信用をつけることができます。ただし、同じページの商品を複数個購入しても1つしかつけることができません。

また、ユーザーは同じ店舗に対して、「好评（良い）」の場合は1カ月間（当月中）に最大6個まで、「差评（悪い）」場合は14日間に1個までしかつけることができません。

そして、ユーザーから下された評価は、良いものも悪いものも合計され、総合的に評価されます。合計した「分（点数）」の総数に応じて、「ハート」「ダイヤモンド」「ブルークラウン」「ゴールドクラウン」という4種類のマークが付与されます。マークと「分（点数）」の関係は次ページにまとめてあるので参考にしてください。

タオバオで、5つのゴールドクラウンが表示されている店舗は、最低でも1,000万点以上の商品を販売し、数多くのユーザーから高評価を得ている店舗、ということが判別できます。

▼信用マークのランク一覧表

信用マークのランク一覧表			
点数	ランク	点数	ランク
4～10	1個ハート	1万1～2万	1個クラウン
11～40	2個ハート	2万1～5万	2個クラウン
41～90	3個ハート	5万1～10万	3個クラウン
91～150	4個ハート	10万1～20万	4個クラウン
151～250	5個ハート	20万1～50万	5個クラウン
251～500	1個ダイヤモンド	50万1～100万	1個ゴールドクラウン
501～1千	2個ダイヤモンド	100万1～200万	2個ゴールドクラウン
1千1～2千	3個ダイヤモンド	200万1～500万	3個ゴールドクラウン
2千1～5千	4個ダイヤモンド	500万1～1千万	4個ゴールドクラウン
5千1～1万	5個ダイヤモンド	1千万以上	5個ゴールドクラウン

▼実際に表示される信用マークのアイコン

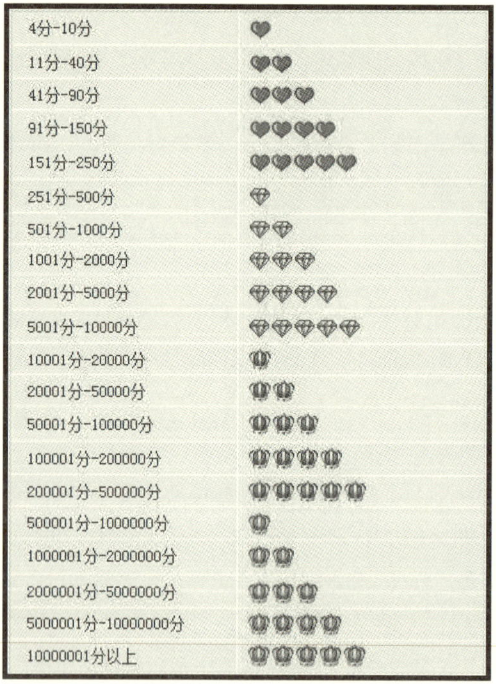

4分-10分
11分-40分
41分-90分
91分-150分
151分-250分
251分-500分
501分-1000分
1001分-2000分
2001分-5000分
5001分-10000分
10001分-20000分
20001分-50000分
50001分-100000分
100001分-200000分
200001分-500000分
500001分-1000000分
1000001分-2000000分
2000001分-5000000分
5000001分-10000000分
10000001分以上

▼3種類の信用数が反映される

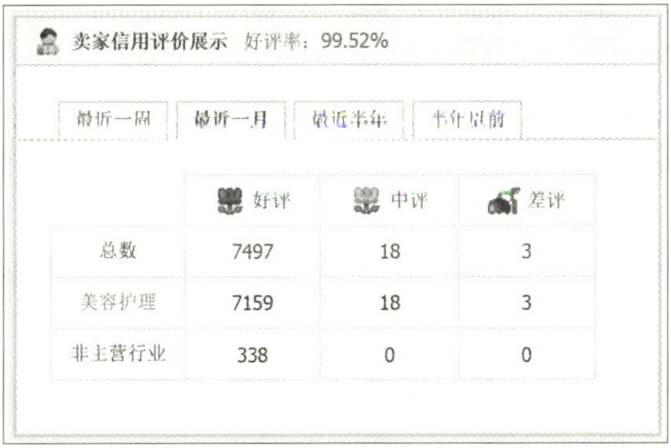

卖家信用评价展示　好评率：99.52%

最近一周　最近一月　最近半年　半年以前

	好评	中评	差评
总数	7497	18	3
美容护理	7159	18	3
非主营行业	338	0	0

最近の1週間分、1カ月分、半年分、半年以上前の期間の信用数を切り替えて確認ができる。

ハートランクは信用されない

ハートランクは、4種類ある信用ランクの中で最低ランクです。このランクの店舗は信用されません。日本と違って中国ではありとあらゆるものに偽物があるので、ユーザーは騙されたくない気持ちが強く、日本人ユーザー以上に商品や店舗を疑っています。ハート店舗では買い物を絶対にしない人もいるぐらいです。

特に、販売価格が高い商品や偽物がよく出回っている商品では、店舗の信用ランクが重視される傾向にあります。そのため、開店したばかりの店舗にとっては、信用アップが最初の重要な課題になります。信用数が251個以上になるとダイヤモンド店舗になるので、これを目標に頑張りましょう。信用アップの対策として、比較的安価な商品を出品して販売する方法がおすすめです。10円の商品でも1万円の商品でも、信用数は1つずつ増えていくからです。

販売商品が高単価なものが多い場合は、同じ商品カテゴリで単価の安い商品がないかを考えてみましょう。カテゴリを統一することはタオバオからの評価にも影響がありますし、ユーザーからも専門店として信用されます。

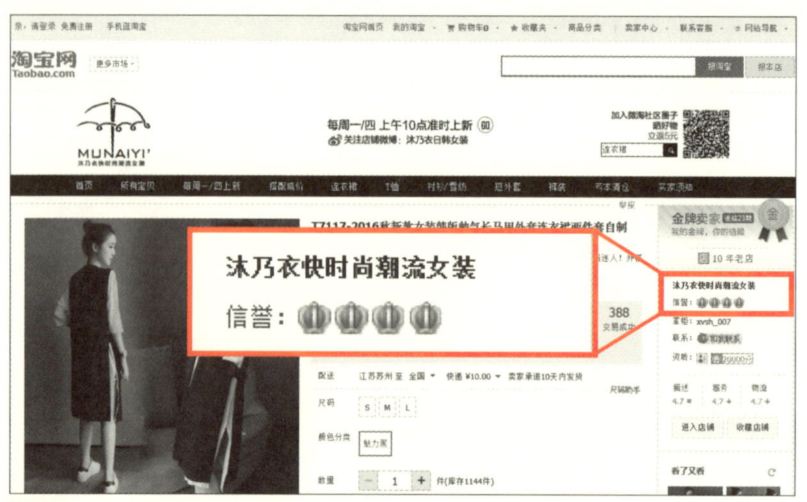

1 商品ページ右側の信用マークをクリックして店舗の情報を表示する。

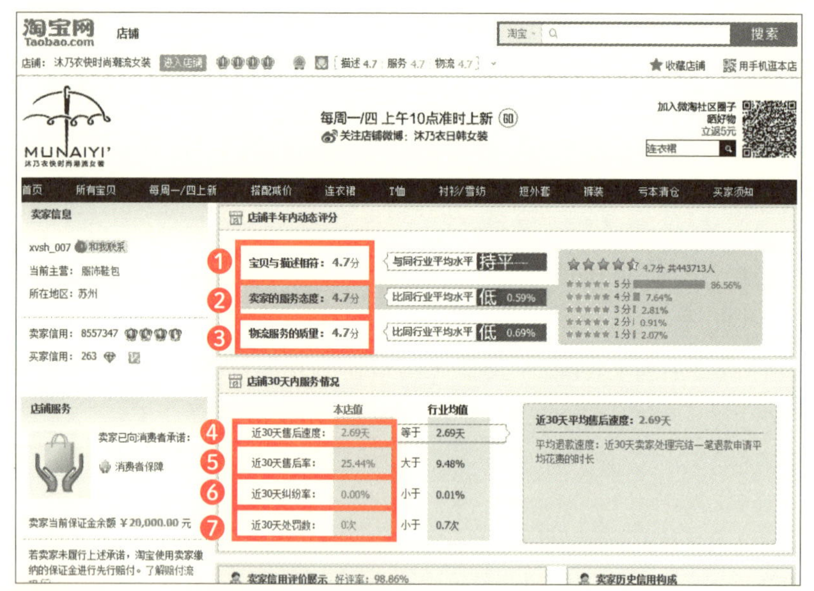

2 ❶商品ページの画像や説明文と実際届いた商品との一致度の評価。
❷店舗のサービス態度への評価。
❸発送の早さなど物流サービスの品質への評価。
❹直近30日のアフターサービス（返金）の対応速度。
❺直近30日のアフターサービス（返金）発生率。
❻直近30日のトラブル率（タオバオが介入して店舗側責任として返金した率）。
❼直近30日の処罰数（違反をして処罰を受けた件数）。

広告も出品数も信用ランクで制限がある

店舗に対する信用ランクは、ユーザーの購入への心理的ハードルの要素と検索順位を決めるSEO的な要素がありますが、タオバオの場合はそれだけではありません。

第7章で後述する広告（クリック課金型やアフィリエイト）を出稿する際、店舗の信用ランクが一定水準に達していないと広告出稿ができないのです。

また、信用ランクと商品カテゴリによって出品数の上限が決まるのも、タオバオの特徴です。タオバオで販売可能な商品アイテムを数百〜数千アイテムも持っている場合でも、条件をクリアしないと出品数の制限がかかってしまい出品することができないシステムになっています。そのため、タオバオでの販売で店舗の信用を上げることは最重要ポイントになります。

▼主な商品カテゴリ別の信用ランクと出品数制限一覧表

番号	カテゴリ（中国語）	カテゴリ（日本語）	信用ランク	最大出品ページ数
1	保健食品／膳食营养补充食品	健康食品	2個ハート以内	300
			3〜5個ハート	500
			1〜2個ダイヤモンド	800
			3〜5個ダイヤモンド	1,000
			1〜5個クラウン	1,200
			1個ゴールドクラウン以上	1,500
2	彩妆／香水／美妆工具	メイク／香水／美容雑貨	評価なし	50
			1個ハート	100
			2個ハート	200
			3〜4個ハート	300
			5個ハート	400
			1個ダイヤモンド	500
			2個ダイヤモンド	600
			3個ダイヤモンド	800
			4〜5個ダイヤモンド	1,200
			1〜2個クラウン	2,000
			3個クラウン以上	3,000

3	美容护肤/美体/精油	美容用品類	評価なし	100
			1個ハート	200
			2～4個ハート	300
			5個ハート～1個ダイヤモンド	400
			2個ダイヤモンド	600
			3個ダイヤモンド	800
			4～5個ダイヤモンド	1,200
			1～2個クラウン	2,000
			3個クラウン以上	3,000
4	奶粉/辅食/营养品/零食	粉ミルク/離乳食/栄養補助食品/おやつ	評価なし	50
			1～5個ハート	1,000
			1～5個ダイヤモンド	1,500
			1個クラウン以上	10,000
5	女装/女士精品	女性アパレル/女性小物	3個ハート以内	250
			4～5個ハート	500
			1～2個ダイヤモンド	1,000
			3～5個ダイヤモンド	2,000
			1～3個クラウン	5,000
			4～5個クラウン	8,000
			1個ゴールドクラウン以上	10,000
6	生活电器	生活家電	評価なし	100
			1～2個ハート	400
			3～5個ハート	600
			1～5個ダイヤモンド	800
			1個クラウン以上	1,200
7	手表	ブランド時計/流行時計	評価なし	600
			1～5個ハート	2,000
			1～3個ダイヤモンド	3,000
			4～5個ダイヤモンド	3,200
			1個クラウン以上	3,500
8	运动/瑜伽/健身/球迷用品	スポーツ/ヨガ/ジム/球技用品	評価なし	100
			1～3個ハート	500
			4個ハート～4個ダイヤモンド	1,500
			5個ダイヤモンド以上	10,000
9	运动鞋new	運動靴	評価なし	150
			1～5個ハート	800
			1～3個ダイヤモンド	1,500
			4～5個ダイヤモンド	3,000
			1～5個クラウン	5,000
			1個ゴールドクラウン以上	8,000

Chapter 03

タオバオに出店してみよう

Chapter 03

Section 01

タオバオ出店の条件とは?

タオバオでの出店に必要なもの

第3章では、タオバオの出店手続きについて具体的に解説していきます。申請の操作画面が中国語であることや、後述する中国本土の銀行を用意するなど大変な部分もありますが、事前にしっかり準備をして本書の手順通り進めてください。

最初に、タオバオで店舗を出店するために必要となるものを紹介しておきます。

絶対に必要となるのは「中国の銀行口座」「タオバオのID」「アリペイアカウント」の3つです。この3つが揃わない限り、タオバオで出品することはできません。

▼タオバオ出店に必要となるもの

タオバオID取得	中国の銀行口座開設	アリペイアカウント開設
タオバオIDルール通りの他者との重複がない希望IDの候補を決定しておく	パスポート(身分証明書) ※有効期限1年以上	中国の銀行口座番号などの情報
日本キャリアの提供する通信回線(SIMカード) ※日本でショートメール受信可能であること	中国キャリアの提供する通信回線(SIMカード) ※中国と日本でショートメール受信可能であること	中国キャリアの提供する通信回線(SIMカード) ※日本でショートメール受信可能であること
	アリペイ認証・紐付できる銀行を選ぶ	パスポート情報 (パスポート番号、パスポート有効期限)
	口座開設費用に現金の人民元が必要	パスポートの顔写真のあるページの画像データ (撮影した画像orスキャンデータ)
		パスポートの中国渡航歴スタンプのあるページ画像データ(撮影した画像orスキャンデータ)

パスポートはぬかりなく準備する

中国へ渡航するにはパスポートが必要ですが、これは銀行口座を開設する際の身分証明としても必須となります。パスポート以外の身分証明は受け付けてくれません。パスポートを持っていない人は、外務省の「パスポート申請先都道府県ホームページへのリンク」（http://www.mofa.go.jp/mofaj/toko/passport/pass_6.html）からご自身の住民票登録の都道府県のパスポートセンターなどを調べ、申請をして取得しましょう。最近は近くの市役所などでも受け付けしている場合もあるので事前に調べておくと便利です。申請から受取まで10日前後かかるので、銀行口座開設のための中国への渡航までに間に合うよう準備しましょう。

パスポートは必ず有効期限が1年以上残っているものを用意してください。中国の銀行によっては、有効期限が残り少ないという理由で口座開設ができない場合があるからです。

また、65ページから紹介するアリペイの実名認証作業でもパスポートの有効期限を入力する項目があり、期限に余裕がない場合に問題となる可能性もあります。

タオバオに出店するまでのステップ

タオバオに店舗を出店するには、最初に中国で銀行口座を開設する必要があります。タオバオのアカウントは日本国内でも作成できますが、それだけでは出店も、出品も、一切行うことができません。ユーザーとしてタオバオで買い物することすら難しいので、最初に銀行口座を開設することが大切です。その際に、日本国内で日本円で引き出しができるキャッシュカードの作成も忘れてはいけません。

出店までのステップ

STEP 1　中国で銀行口座を開設する
STEP 2　タオバオのアカウントを作成する
STEP 3　アリペイの決済アカウントを作成する
STEP 4　タオバオで開店申請する
STEP 5　店舗を作成する

最大の参入障壁「外貨両替限度額」

中国では、個人で人民元を外貨に両替や海外送金する場合に年間5万ドル相当までと制限があります。この年間とは1/1～12/31ではなく、両替や海外送金の１年前（365日）にさかのぼって計算されます。そのため、タオバオの売上を中国から日本へ海外送金することや、現地で外貨（日本円）に両替して持ち出すのは簡単ではありません。

そこで、中国で開設する銀行口座発行のキャッシュカードに付帯する「銀聯（UnionPay)」を使います。「銀聯」とは、中国国内を中心に多くの銀行が加盟する、主にデビット機能を提供するオンライン決済システムを運営する企業で、中国で開設する銀行が発行するキャッシュカードにも銀聯マークがついています。この銀聯の機能を使って、第5章で詳しく解説する方法で売上金を日本円で回収することができます。

銀行口座を複数用意すると問題は一気に解決できる

中国国内での外貨両替限度額は年間5万ドルです。この程度では、タオバオ運営をビジネスとして成り立たせるのが難しくなります。そこで、銀聯マークのある中国の銀行キャッシュカードを使って日本の提携先ATMから日本円を引き出すのですが、1枚の銀聯カードでは年間10万元相当分の日本円しか引き出せないという制限があります。

日本円で回収する必要があるタオバオの売上金を想定して、1年間で引き出せる金額の例を参考に数の銀行口座を開設して銀聯カードを入手するようにしましょう。

1年間で引き出せる金額
1口座　　年間10万元（約150万円）
5口座　　年間50万元（約750万円）
10口座　年間100万元（約1,500万円）

口座を大量に作成しても対応できなくなったら……

タオバオ店舗での売上金額が大きくなり、複数の銀行口座を開設しても売上金の回収が難しくなってきたら、中国での現地法人設立を検討してみましょう。個人では制限が多い日本への海外送金も、法人になると貿易取引や貿易外取引と様々な方法でビジネスができるようになります。ただし、中国での外資企業の貿易や送金などの取引は外貨管理局などにより管理されており、届出や書類審査などがあるので専門家に相談するようにしてください。

Chapter 03

Section 02

中国の銀行口座開設方法

中国本土の銀行口座がなぜ必要か？

タオバオ出店には、中国本土の銀行口座が必須です。タオバオの決済システムであるアリペイは、中国の銀行以外に入金してくれないからです。中国の銀行口座開設は、現地の窓口まで直接本人が出向いて手続きする必要があります。実は数年前までは、名義人となる日本人のパスポートを代理人が窓口に持ち込んでの代理口座開設が可能でしたが、現在はどこの銀行もできないと思います。

窓口での手続きは少し複雑なので、中国語ができない人は通訳を雇うなどして開設しましょう。

どこの銀行でも良いわけではない

中国で銀行口座を開設する場合、どの銀行でもOKというわけではありません。中国工商銀行などの中国系銀行の日本支店は東京や大阪にもありますが、日本支店の口座からはアリペイ認証が現在できません。必ず中国へ渡航し、外国人のアリペイ認証に対応してくれる銀行で手続きを行ってください。銀行の選択を間違うと、繰り返し中国まで渡航する無駄が生じます。

中国で銀行口座を開設する際、一般的には銀行カードだけの発行になるので印鑑の登録は不要です。持っていく必要はありません。口座維持手数料に年間10元程度が必要な銀行もあるので、余裕をもって口座開設時に預金しておくと便利です。また、第4章で解説する消費者保証金が出品前に必要になる場合があります。出品する商品カテゴリにより金額が変わりますので113ページで必要金額を確認して預金しておくようにしましょう。

▼中国人以外のアリペイ認証に対応する銀行の一覧

中国工商銀行	中国建設銀行	交通銀行
匯豊銀行	中国光大銀行	招商銀行
中国銀行	中国農業銀行	星展銀行(DBS　シンガポール系)

中国で携帯電話の回線も契約する

中国で銀行口座の開設をする時は、身分証明書であるパスポート以外に中国の携帯電話番号も必要です。申請書を作成する際、携帯電話番号の記入が必須となるからです。この場合の携帯電話番号は、日本のキャリアと契約した回線ではできません。事前に中国の携帯電話番号を用意しておく必要があります。

窓口では、口座開設をする際に銀行員の目の前でショートメッセージが確実に受信できるかどうかテストされる場合があります。口座開設へ銀行に向かう前に、必ず中国の携帯番号を入手しましょう。

なお、中国の携帯電話番号とはSIMカードのことです。SIMカードとは、携帯電話やスマートフォンで通信するために必要なICチップカードで、電話番号を特定するための加入者のID番号が記録されています。中国SIMカードは、すなわち中国の携帯電話番号のことです。

大手の通信キャリアでSIMカードの実名登録を行う

中国の携帯電話番号の入手は、中国大手通信キャリアである中国联通、中国移动などでパスポートを提示し、実名認証をした上でSIMカードを購入します。街中の携帯ショップでもSIMカードの購入ができる場合もありますが、外国人の実名認証に対応していないこともあるので注意が必要です。

SIMカードには様々な価格のものがありますが、ショートメールを確実に受信できれば、通話やネット接続を必要としないSIMカード費用が70元程度、月額基本料金が10元〜20元程度の安いプランのものでも十分です。この手続きの際にパスポートを提示して、SIMカードの実名登録を忘れずにするようにしてください。

ネットバンクも忘れず開設する

銀行口座開設の際は、ネットバンクの申し込みも忘れずにしておきましょう。申し込みをすると、送金時にパソコンに接続して認証するパスワードが発行されます。銀行によってはUSBでパソコンとつなげずに使用するワンタイムパスを発行するタイプの場合もありますが、日本でワンタイムパスをうまく受信できないこともあるので、USBタイプのUSBトークン（PCのUSBポートに接続して使う小型の認証装置）を発行してもらいましょう。有料の場合は60元程度ですが、無料で発行してくれる銀行も多くあります。

日本で使える銀行カードを発行してもらう

日本のATMに対応している磁気テープの形式で銀行カードを発行してもらう必要があります。その旨を窓口で行員さんにしっかり伝えましょう。

ネットバンクの申請をしておけば、日本に帰ってからでも簡単にパソコンやスマートフォンで残高や入出金明細を確認することができます。ただし、中国からでも日本からでも場所は関係なく、日本人名義の口座は中国以外の国に送金することはできません。銀行のキャッシュカードを使って限度額までの範囲を引き出すことしかできません（52ページ参照）。

▼中国建設銀行のネットバンクで使用するUSBトークン

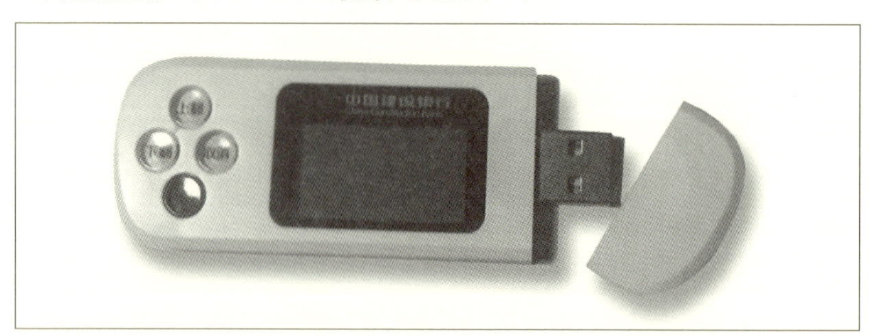

銀行の名義とアリペイの名義の不一致に注意

タオバオの出店申請作業の中でよくつまずくことが多い、銀行とアリペイの名義の注意点について解説します。中国の銀行で日本人が口座開設する際に、苗字と名前の登録の順番が銀行によって違う場合があります。

▼中国の銀行の氏名登録についての一覧表

アリペイ対応可能銀行	名義の登録の順番やスペースの有無	備考
中国工商銀行	【姓+名 スペースなし】	
中国農業銀行	【姓+名 スペースなし】	
招商銀行	【姓+名 スペースなしorあり両方可能】	スペースについては銀行員に説明が必要
星展銀行(DBS)	【姓+名 スペースなし】	
中国光大銀行	【姓+名 スペースあり】	
交通银行	【姓+名 スペースあり】	
汇豊銀行	【姓+名 スペースあり】	10万元以上の預金が必要
中国銀行	【名+姓 スペースなし】	
中国建設銀行	【名+姓 スペースなしorあり両方可能】	スペースについては銀行員に説明が必要

アリペイ口座の登録をする時に、アリペイ口座と銀行口座の名義が完全に一致していないと認証できません。

特に気をつけるところは、苗字と名前の間にスペースがあるかないかの違いだけでも不一致として認証できなくなる点です。弊社が銀行口座開設のお手伝いをしている広東省広州市の各銀行の氏名登録一覧表を記載しておきますので、参考にしてください。

中国では同じ銀行でも地域や支店、窓口の担当者によっても対応が違う場合がよくあります。事前に電話などで確認しておくことをおすすめします。スペースのありなしを指定しないと銀行員により登録がまちまちであったり、銀行によっては指定しても対応してくれないところもあります。

また、見慣れない日本人の名前はスペルを間違って登録されてしまうことなどもあるので、銀行カードが発行されたらパスポート通りに登録されているかのチェックも必要です。

Section 03 タオバオのIDを取得する

タオバオID申請に必要な事前準備

申請の作業時に必要になるので、希望するIDの文字列と携帯電話は事前に準備しておきます。この携帯電話は、必ず日本の携帯番号を使ってください。銀行口座を開設するために中国で取得した電話番号を使用すると、身分証明証の記入欄が自動的に中国人用（中華人民共和国居民身分証）になってしまうので注意が必要です。

タオバオIDのルールと注意点

タオバオIDに使用可能な言語は中国語か英語です。日本語でのID申請はできません。

IDには文字数の制限などがあるので「タオバオIDのルール」に沿って希望のタオバオIDを決めましょう。ただし、タオバオにはすでに5億人のユーザーが様々なIDを取得しているので、簡単に思いつくような単語では取得できないことが多いです。重複する場合は単語の後ろに数字を入れると良いでしょう。それほど難しく考えずに、自分がわかりやすいIDを考えましょう。ちなみに、タオバオIDは一度取得すると変更ができません。

▼タオバオIDのルール

<table>
<tr><td colspan="3">·使用可能言語 中国語·英語(半角、小文字のみ)·数字(半角のみ)</td></tr>
<tr><td colspan="3">·他者と重複·変更不可、数字のみは不可、中国語·英語·数字の混記は可</td></tr>
<tr><td colspan="3">·文字数制限 5～25 バイトの範囲 ·スペースは使用不可</td></tr>
<tr><td>中国語</td><td>1文字</td><td>2バイト</td></tr>
<tr><td>英語(半角、小文字のみ)</td><td>1文字</td><td>1バイト</td></tr>
<tr><td>数字(半角のみ)</td><td>1文字</td><td>1バイト</td></tr>
<tr><td>記号はアンダーバーのみ</td><td colspan="2">使用位置は先頭と後は不可</td></tr>
</table>

タオバオID申請をしてみよう

それでは、タオバオIDが決まって携帯電話などの準備が揃ったら、実際に申請をしてみましょう。以下の手順に沿って慎重に進めてください。

1 タオバオのトップページ(https://www.taobao.com/)にアクセスし、「免费注册(無料登録)」をクリックする。

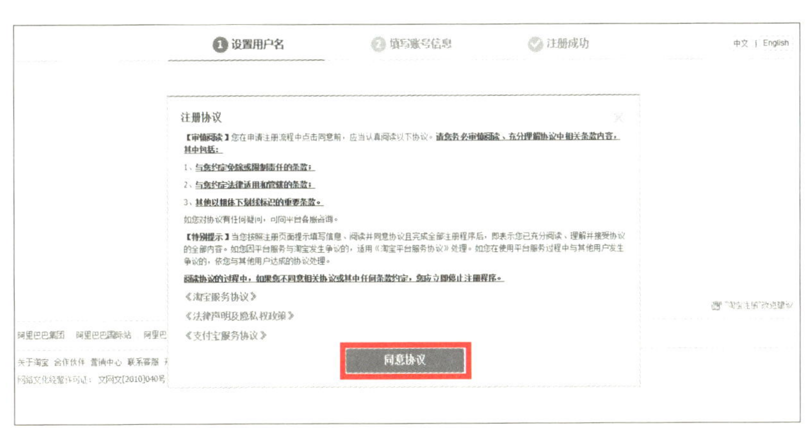

2 タオバオの規約に同意を求める画面が表示されるので、「同意协议(同意する)」をクリックする。

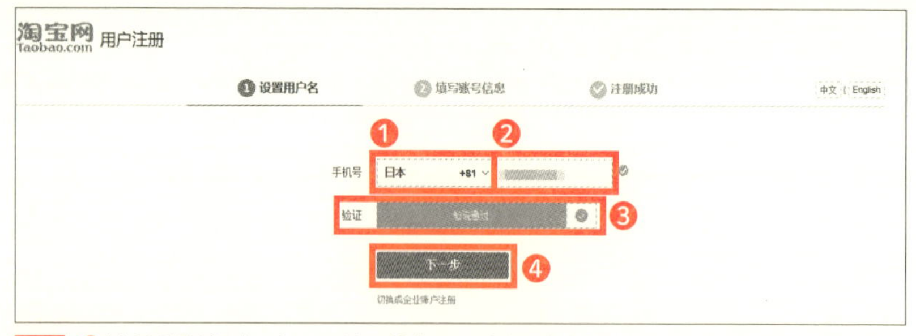

3 ❶もし国番号が日本になっていない場合は、下向きの印をクリックして正しい国番号を選択する。
❷日本の携帯番号を記入する。先頭の0は除いて90のように記入し、さらにハイフンを入れずに数字だけを記入する。
❸この部分が緑色になれば電話番号が認証されている。
❹「下一歩(次へ)」をクリックする。

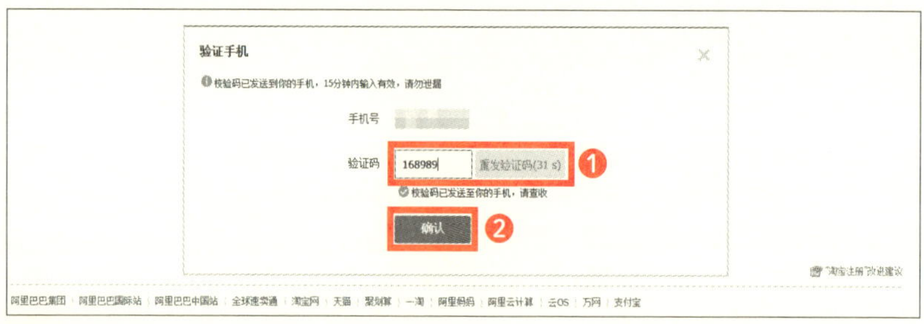

4 ❶手順3で記入した携帯電話の番号に、タオバオから6ケタの認証番号が届くのでここに記入する。
❷「确认(確認)」をクリックする。

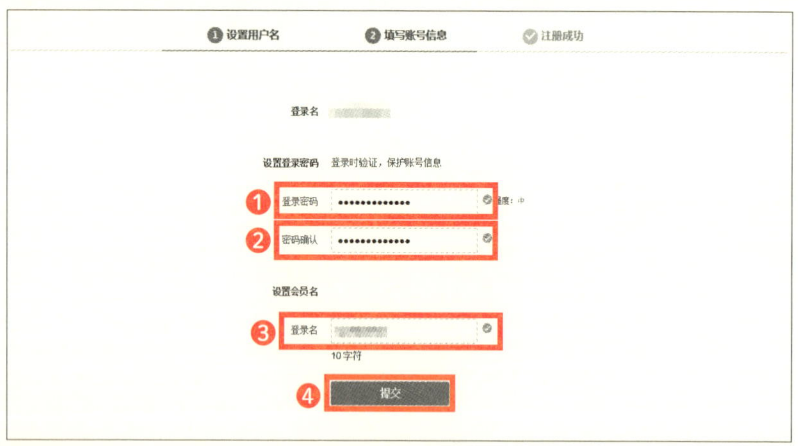

5 ❶半角英字、半角数字、記号のうち、2種類以上を使用して任意のパスワードを作成する。文字数は6～20文字まで。
❷先ほどと同じパスワードを再確認のために記入する。
❸希望するIDを記入する。
❹「提交(提出)」をクリックする。

6 この画面が表示されればIDの申請は終了となる。

タオバオからログアウトする

タオバオでIDの取得が完了すると、その時点で、タオバオにログインした状態となっています。まずはログアウトする方法を確認するために、いったんログアウトしておきましょう。なお、部外者が使用する可能性があるPCでログインした際は、作業終了後、必ずログアウトしてください。

▼タオバオからのログアウト

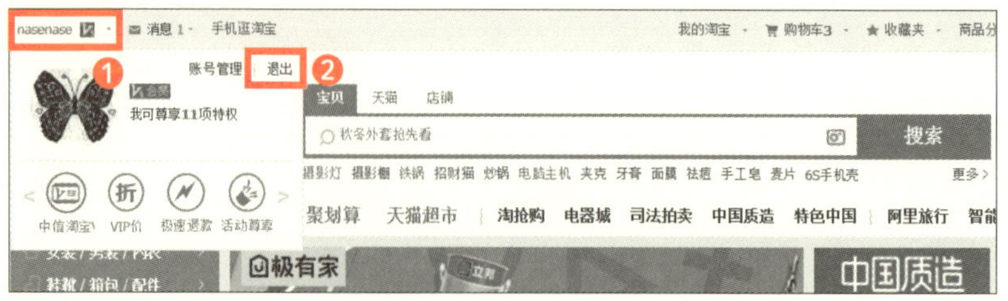

❶ログイン画面の左上にタオバオIDが表示されているのでマウスオーバーする。
❷表示されたメニューの中から「退出(ログアウト)」をクリックすればログアウトできる。

タオバオの管理画面を確認する

タオバオのIDを取得した後は、改めてログインし、タオバオの作業を行う際に基本となるページを必ず確認してください。この基本画面のことを、タオバオでは「卖家中心」と呼んでいます。日本語に意訳すれば「サプライヤーセンター」となります。このページは、商品や顧客などの管理ページをすぐに表示できる、まさに基本となるページです。

1 タオバオのトップページから「亲，请登录(ログイン)」をクリックする。

2 ❶タオバオIDを記入する。
❷タオバオのパスワードを記入する。
❸「登录(ログイン)」をクリックする。

3 ❶自分のタオバオIDが表示されているとログイン成功。
❷タオバオの管理ページである「卖家中心(サプライヤーセンター)」をクリックする。

▼タオバオの管理ページ（サプライヤーセンター）

❶「双11淘宝嘉年华（双11タオバオカーニバル）」毎年11月11日にアリババグループ最大のイベント「独身の日（双11）」の参加申込みなどができる。イベント時期のみ表示される。
❷「交易管理（取引管理）」注文処理や評価管理など取引に関する管理ページに移動できる。
❸「物流管理」出荷処理や物流サービスなど物流に関する管理ページに移動ができる。
❹「宝贝管理（商品管理）」商品出品や出品中商品の設定変更など商品に関する管理ページに移動できる。
❺「店铺管理（店舗管理）」自分のタオバオ店舗への移動や店舗デザイン、画像保管場所など店舗に関する管理ページに移動できる。
❻「营销中心（マーケティングセンター）」広告設定や分析ツール、イベント参加申し込みなどマーケティングに関する管理ページに移動できる。
❼「货源中心（仕入れセンター）」アリババやブランドからの仕入やドロップシッピングなど商品仕入れに関する管理ページに移動できる。
❽「软件服务（ソフトウェアサービス）」タオバオ運営に便利なツール購入や商品撮影サービスなどソフトウェアに関する「服务市场（サービスマーケット）」）などに移動できる。
❾「特色服务（特色サービス）」O2O（Online to Offlineの略）や実店舗に関する管理ページに移動できる。
❿「客户服务（カスタマーサービス）」消費者保証サービスへの加入や違反記録の確認などカスタマーサービスに関する管理ページに移動できる。

Section 04

アリペイアカウントの認証方法

アリペイの実名認証作業を行う

銀行口座とIDの作成が済んだら、最後にアリペイの決済アカウントの申請を行います。この作業は非常に重要なので慎重に進めてください。あらかじめ用意しておくものも多いので入念な準備が必要です。

特に重要なのは、パスポートのスキャンデータです。文字のぼやけや光の反射などがあるとまず審査を通らないので、写真ではなく、スキャンデータを使うことをおすすめします。なお、スキャンしたデータは5MB未満の大きさで用意してください。

アリペイの決済アカウント作成に必要な準備

- 中国の銀行口座番号
- 中国の携帯電話番号
- パスポート（パスポート番号、パスポート有効期限）
- パスポートの顔写真のあるページの画像データ
  （撮影した画像orスキャンデータ）
- パスポートの中国渡航歴スタンプのあるページ画像データ
  （撮影した画像orスキャンデータ）

▼パスポートにある中国渡航歴スタンプ

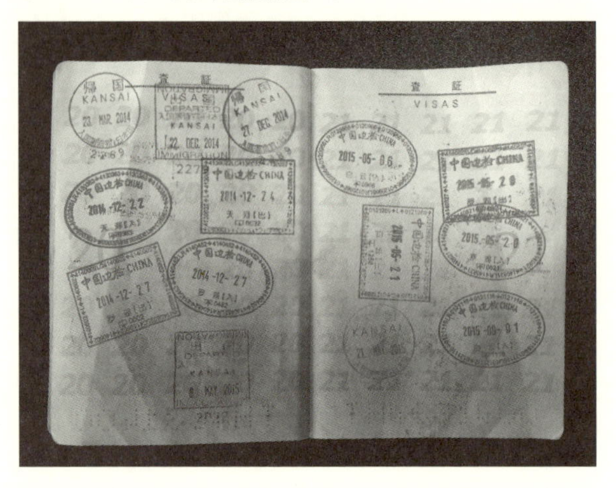

アリペイのアカウントを作成する

アリペイのアカウント作成では、認証（銀行口座との紐付作業）も同時に行います。アリペイ口座の残高を現金化する場合などに必要となります。紐付が完了している自分名義の銀行口座への「提现（出金）」は送金手数料が無料でしたが、アリペイのルール変更で2016年10月12日から0.1％の出金手数料が必要になりました。出金限度額は無制限です。

ただし、アリペイ口座から銀行口座への出金が無制限なのであり、日本の銀行から無制限に引き出せるわけではありません。

1 タオバオにログインした状態で、画面右上にある「免费开店（無料開店）」をクリックする。

2 「个人开店（個人開店）」をクリックする。

3 ❶「海外」にチェックを入れる。
❷「重新认证（再認証）」をクリックする。

4 「进入支付宝(アリペイへログイン)」をクリックし、IDとパスワードを入力してログインする。

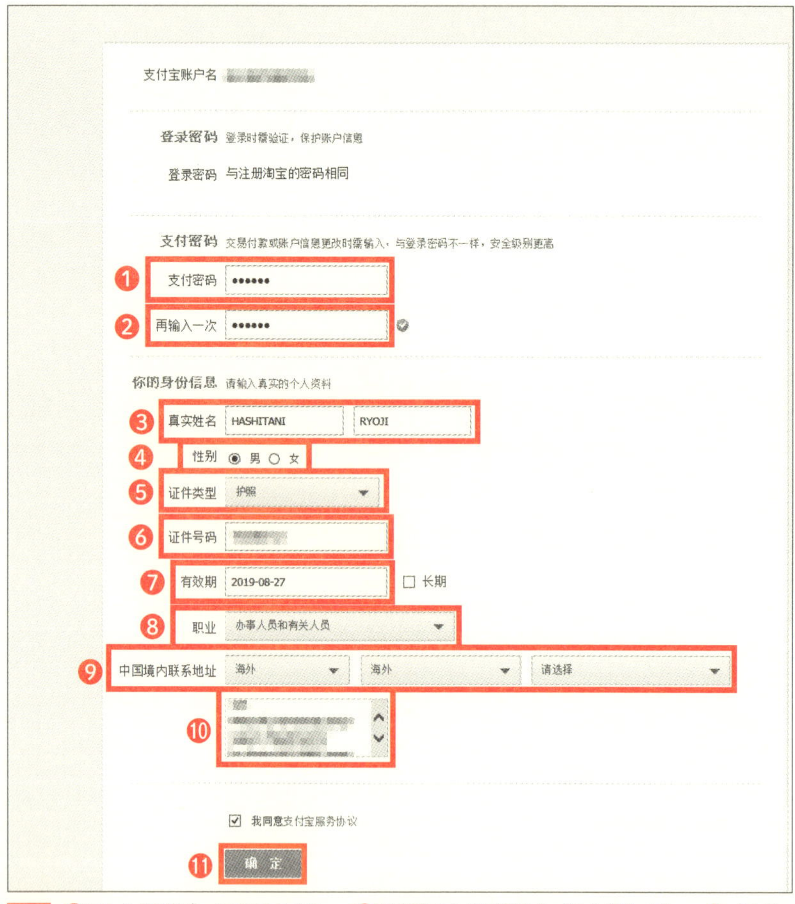

5 ❶アリペイの送金パスを記入する。 ❷再確認のため同じ送金パスを記入する。 ❸パスポート通り、アルファベット大文字で姓、名の順番で入れる。 ❹性別にチェックを入れる。 ❺「护照(パスポート)」を選ぶ。 ❻パスポート番号を記入する。 ❼パスポートの有効期限を選ぶ。 ❽職業を選ぶ。ブラウザの翻訳機能を使うと便利。 ❾「海外」を選択する。 ❿日本の連絡住所を英語で記入する。 ⓫「确定(確定)」をクリックする。

6 アリペイアカウントの取得成功の画面が表示される。「进入我的支付宝(マイアリペイへログイン)」をクリックしてアリペイの管理画面に移動する。

7 広告が表示されたら「×」をクリックして消し、アリペイの管理画面を表示する。

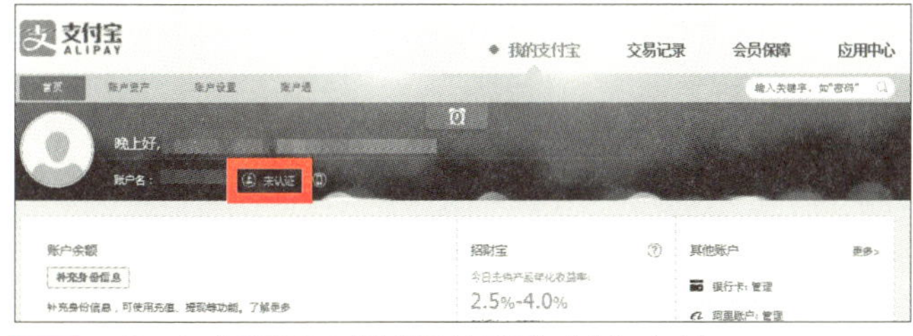

8 アリペイの管理画面で、「未认证(未認証)」をクリックする。

9

❶同意にチェックを入れる。
❷「立即认证（すぐ認証）」をクリックする。

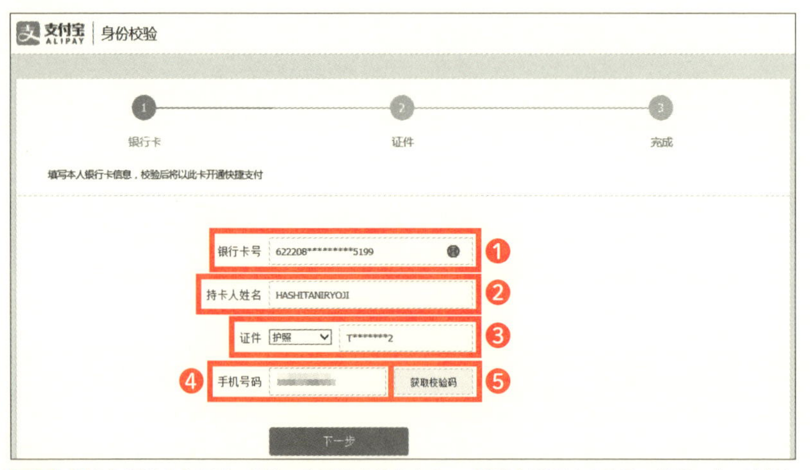

10

❶実名認証する中国の銀行口座番号を記入する。　❷実名認証する中国の銀行口座で登録した氏名を記入する。姓、名の順番やスペースの有無など、まったく同じ内容で記入する。　❸パスポート番号を記入する。　❹実名認証する中国の銀行口座で登録した中国の携帯電話番号を間違えずに記入する。　❺「获取验证码（認証番号を取得）」をクリックすると携帯電話にショートメッセージで6ケタの認証番号が届く。

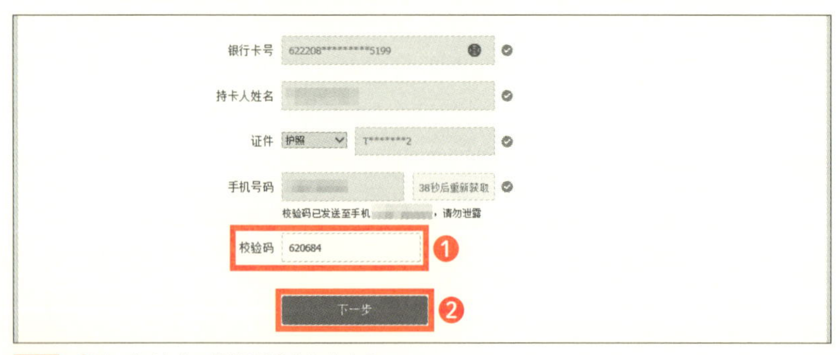

11

❶届いた6ケタの認証番号を入力する。
❷「下一步（次へ）」をクリックする。

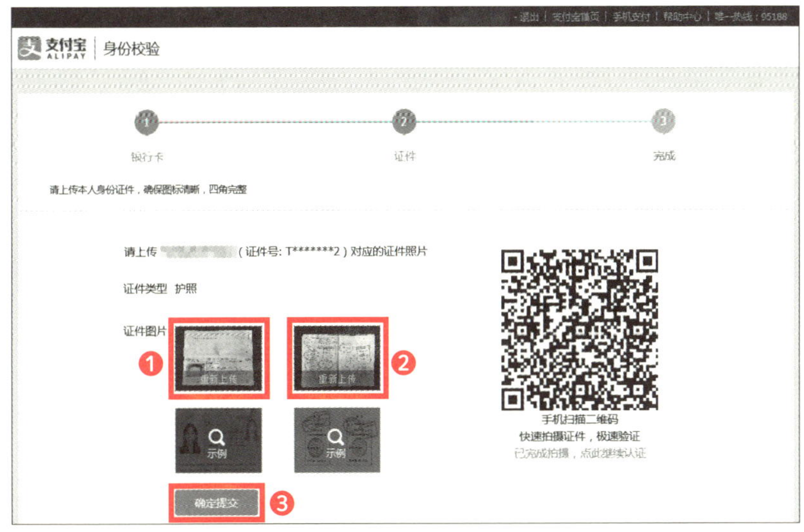

12 ❶このスペースをクリックしてパスポートの画像データ（5MB未満）をアップロードする。 ❷このスペースをクリックしてパスポートの中国渡航歴スタンプの画像データ（5MB未満）をアップロードする。 ❸「确定提交（提出を確定）」をクリックする。

13 この画面が表示されれば実名認証の申請が完了する。あとは24時間以内に届くアリペイからの審査結果を待つ。

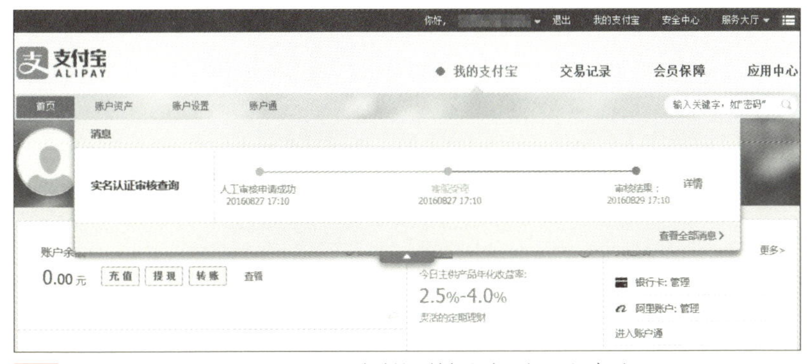

14 アリペイの管理ページのメッセージで申請結果情報を確認することができる。

Chapter 03

Section 05

タオバオの開店申請を行う

出品する商品が用意できてから開店しよう

タオバオの開店申請に欠かせないのが、パスポートを持った上半身の画像データです。名義人本人が写っていなければならないので、誰かに頼んで撮影してもらいましょう。開店申請作業の前に用意しておくことをおすすめします。

申請を無事に通すために欠かせない重要な撮影ポイントがあります。

▼良い見本

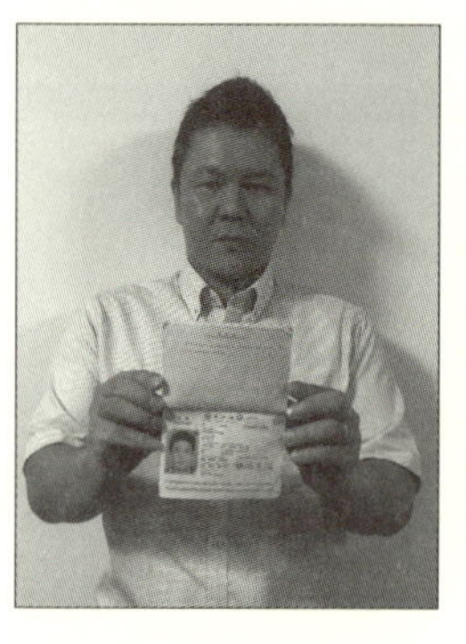

▼悪い見本

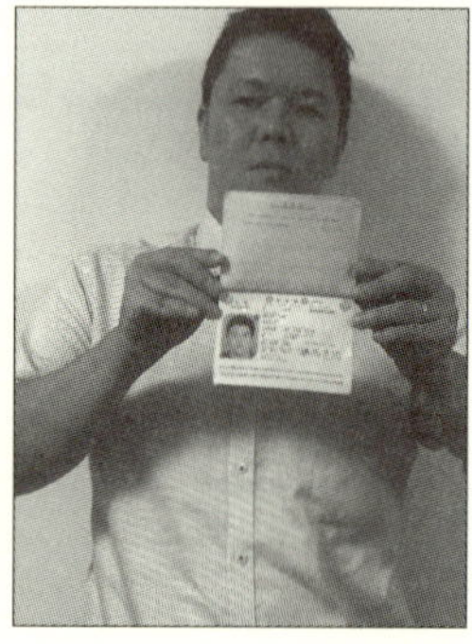

- 顔が隠れないこと(前髪やメガネ、帽子に注意)
- パスポートの文字が鮮明に読めること
- 文字のぼやけ、ライトの反射などがないこと
- 画像はJPG・JPEG・BMPで、容量は5MB未満であること
- 画像修正は一切不可

開店申請を行う

タオバオの開店申請は、出品する商品の準備ができてから行うことをおすすめします。開店申請が承認された後、出品のない状態が続くとアカウント停止などのペナルティがあるからです。開店してから3週間以内に出品しないと「警告」されるので注意が必要です。

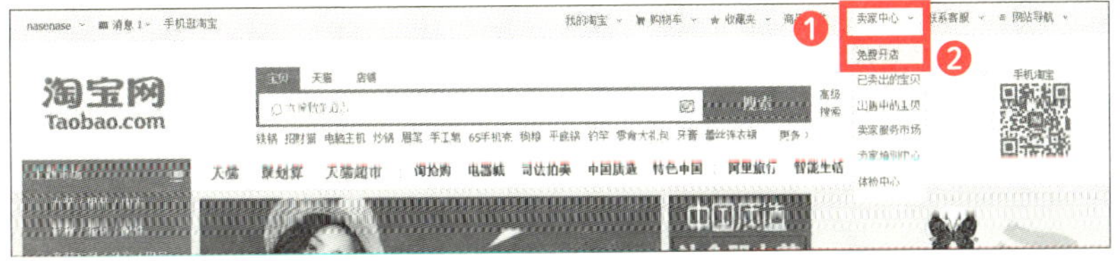

1 ❶タオバオのトップページにアクセスしてログインし、画面右上にある「卖家中心（リプライヤーセンター）」にマウスオーバーする。
❷表示されたメニューから「免费开店（無料開店）」をクリックする。

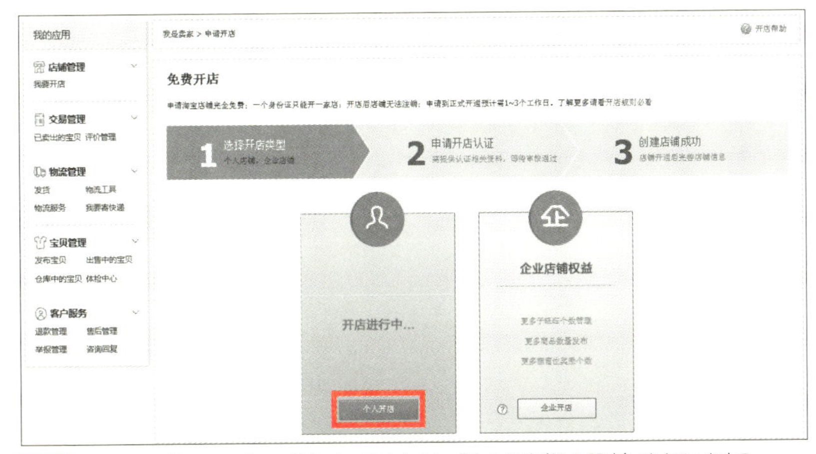

2 タオバオの管理ページにログインしてアクセスし、「个人开店（個人開店）」をクリックする。

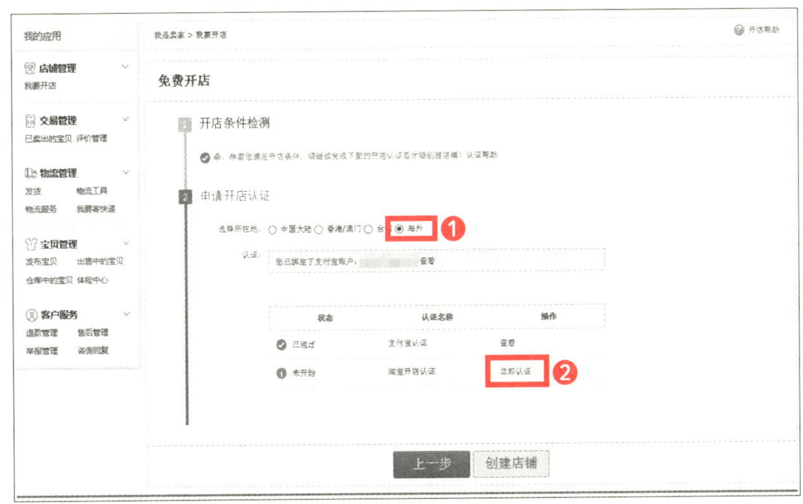

3 ❶「海外」にチェックを入れると画面が切り替わる。
❷「立即认证（すぐ認証）」をクリックする。

4　この画面から開店申請がスタートする。「立即认证（すぐ認証）」をクリックする。

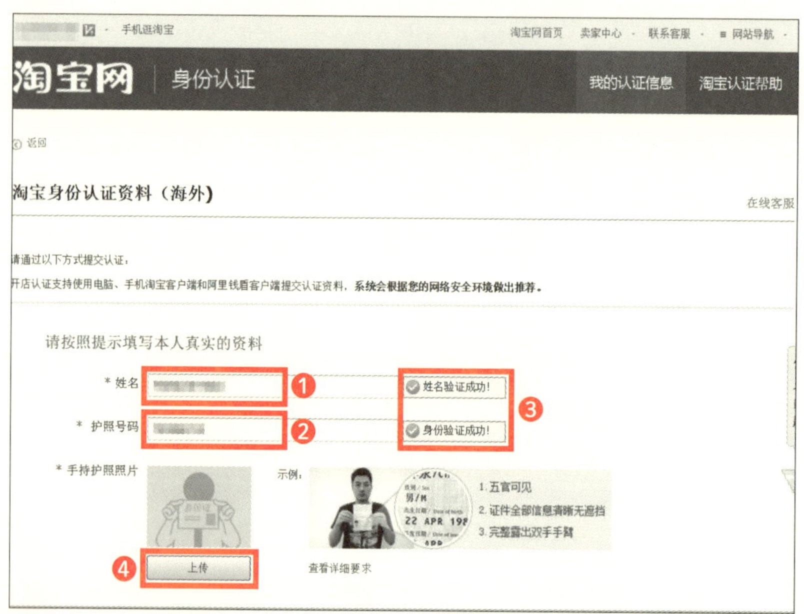

5　❶名前を記入する。
❷パスポート番号を記入する。
❸このように表示されたら名前とパスポートの認証は成功。
❹「上传（アップロード）」をクリックしてパスポートを持った上半身の画像データをアップする。

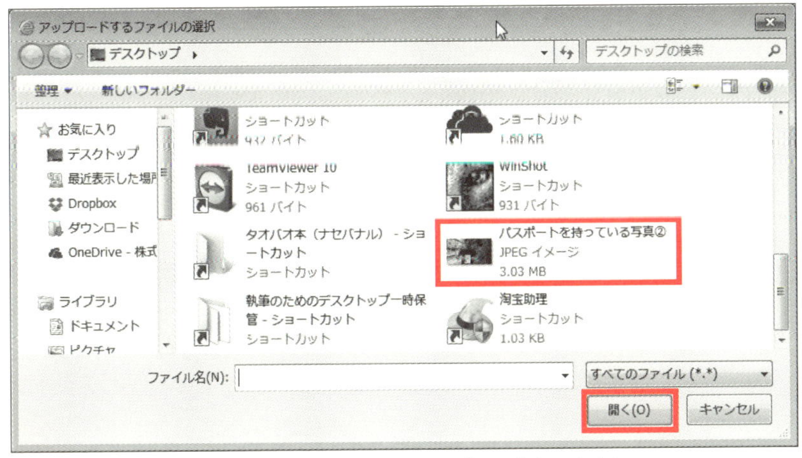

6 パスポートを持った上半身の画像データを選択して「開く」をクリックする。

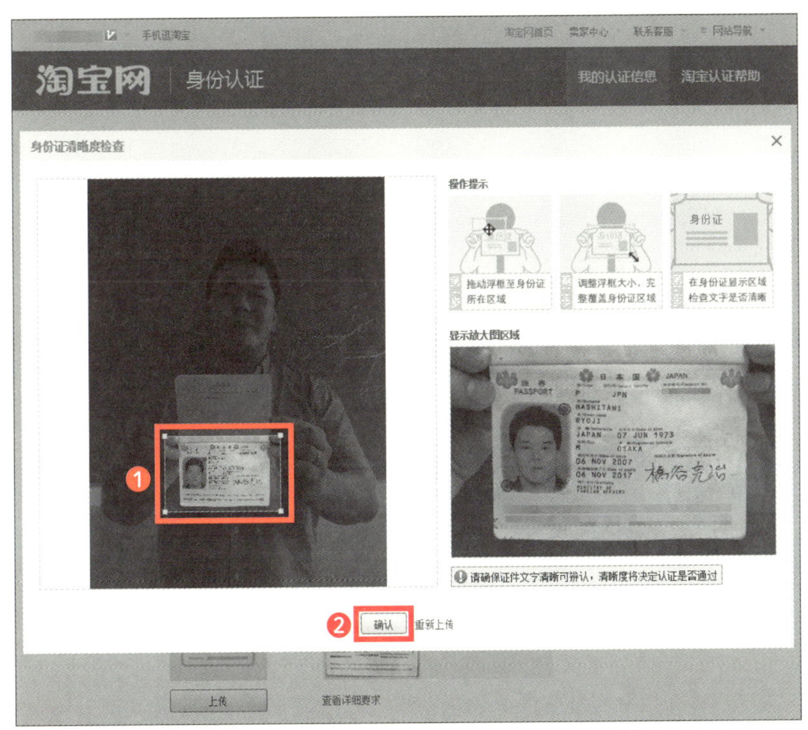

7 ❶画像の上に表示されるパスをマウスでドラッグして、パスポート情報が右側に拡大表示されるようにサイズを調整する。　❷「确认（確認）」をクリックする。

请按照提示填写本人真实的资料

* 姓名　姓名验证成功!

* 护照号码　身份验证成功!

* 手持护照照片　示例:

1.五官可见
2.证件全部信息清晰无遮挡
3.完整露出双手手臂

重新上传　查看详细要求

上传成功

* 护照正面　示例:　证件上文字清晰可识别

上传　查看详细要求

* 联系地址　请选择省市/其他　请选择城市...　请选择区/县...　请选择...

8 「上传(アップロード)」をクリックし、パスポートを持った上半身の画像とパスポートの拡大表示画像をパソコンからアップロードする。それぞれ1カ所ずつあるので注意。

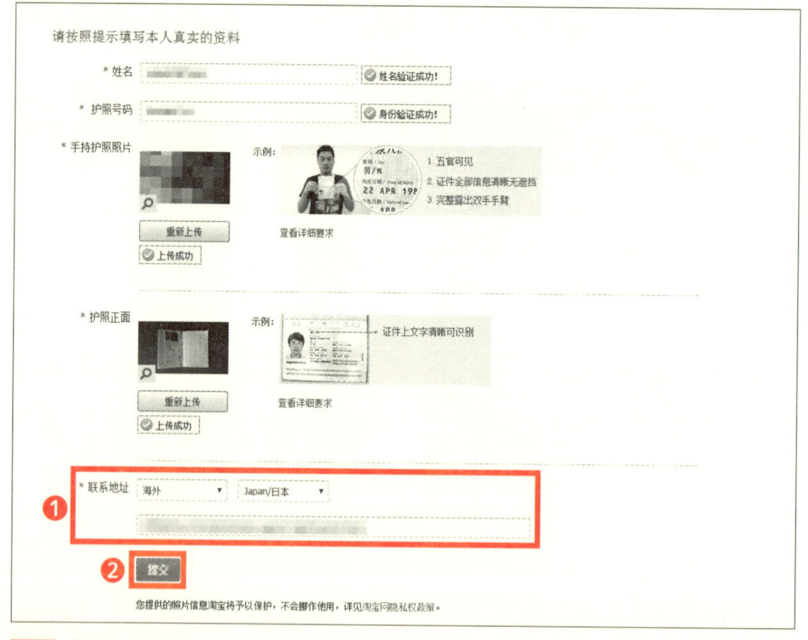

9 ❶住所を記入する。海外と日本を選び、住所は英語で入力する。国名は省略しても問題なし。50文字以内で表記すること。
❷「提交(提出)」をクリックする。

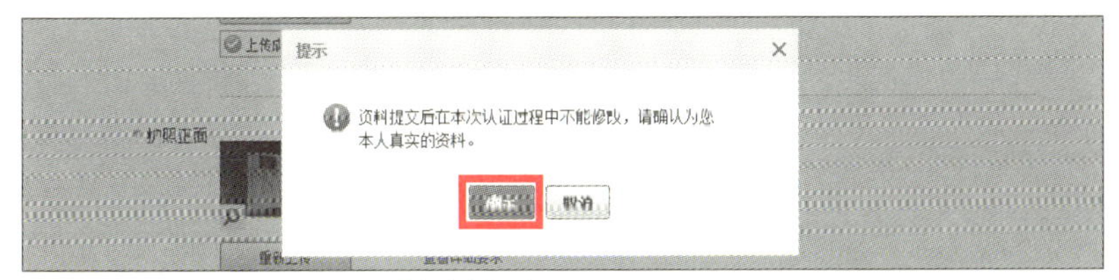

10 確認して間違いがなければ「确定(確定)」をクリックする。間違えると修正できなくなるので、アップロードしたデータなども必ず確認すること。

11 開店申請の完了画面が表示される。結果は48時間以内にアカウント内で表示される。

12 48時間後、タオバオIDでログインした状態で「免费开店(無料開店)」をクリックする。

13 「个人开店(個人開店)」をクリックする。

14 ❶「海外」にチェックを入れると画面が切り替わる。
❷緑色になっていたら、審査に通過している。
❸「创建店铺(店舗を作成する)」をクリックする。

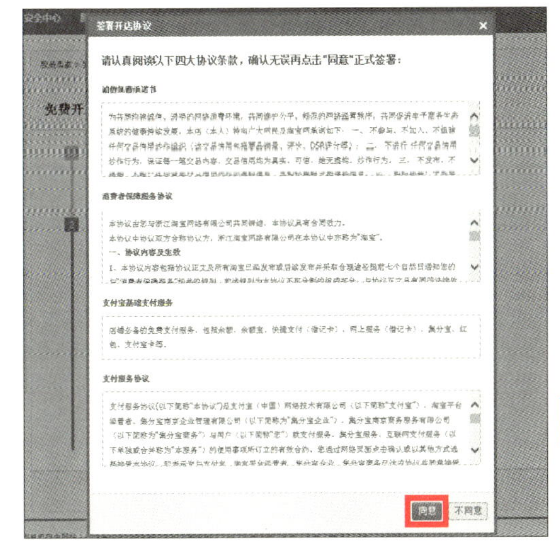

15

タオバオ開店に関する契約や注意点が表示される。「同意」をクリックすれば開店申請は成功となる。

創店(開店)しても出品しないとID廃止になる

開店申請の最後に「同意」をクリックすると、これで無事商品の出品販売ができる開店の状態になります。

なお、タオバオでは、「同意」ボタンをクリックしてから一定の期間商品を出品しないと自動的に閉店となる厳しいルールがあります。

厳しいルールとはいうものの、1品だけでも何らかの商品を出してしまえばペナルティは回避できるので、120ページ以降で解説している出品手続きを参考に、速やかに出品してください。

出品しないとペナルティがある

3週連続で販売中の商品が0件 ⇒ タオバオからの警告が届く。

5週連続で販売中の商品が0件 ⇒ 強制的に閉店処分となる。1週間の保留期間があり、保留期間中に1つでも商品を出品すれば閉店状態が解除される。

6週連続で販売中の商品が0件 ⇒ 完全に閉店となる。再開するためには再度開店申請手続きが必要。

Section 06 自分の店舗を確認する

カスタマイズに時間がかかるようであれば先に出品を済ませておく

タオバオでの開店手続きが終了したら、すぐにでも店舗をカスタマイズすることが可能になります。店舗の見栄えは販売成果を左右する重要な要素なので、しっかりと外観を整えましょう。

ただし、店舗のカスタマイズに時間をかけすぎて商品を出品しないままにしておくと、タオバオから警告が届いてしまいます。開店後、出品しない期間が3週間で警告の通知、5週間で「店舗削除」となってしまいます。

もし、カスタマイズに時間がかかるようであれば、先に商品の出品を済ませてしまいましょう。商品の出品は120ページから詳しく解説しています。

自分の店舗ページを確認する

タオバオで出店の手続きが終了した時点で、すでに店舗のページが作成されているので確認してみましょう。作成されたばかりの店舗には、イラストが描かれたサンプルの商品ページがサムネイル表示されていますが、これらのサンプルは、商品の出品数が増えるにつれ、自然と削除されていきます。

店舗にサンプルが表示されたままだと訪問してきたユーザーに対して見栄えが悪いのではないかと心配になりますが、心配はありません。タオバオは楽天などと同じくショッピングモール形式のネットショップですので、ユーザーが商品を検索した際には、商品ページが検索結果として表示されます。店舗へのリンクは表示されないので、ユーザーが訪問してくることは滅多にありません。

ただし、商品を購入する前に販売者の店舗を確認しに訪問するユーザーは多くいますし、リピート客を意識して店舗営業を継続していく場合には当然ですが店舗ページの装飾は必要になります。

タオバオの店舗ページは、独自にカスタマイズして装飾することができますが、HTMLの知識が必要です。本書では、82ページで紹介する、「テンプレート」を使った装飾をお勧めします。誰でも簡単にタオバオの店舗を装飾できます。

1 ログインした状態で「卖家中心(サプライヤーセンター)」をクリックする。

2 「查看淘宝店铺(タオバオ店舗を見る)」をクリックする。

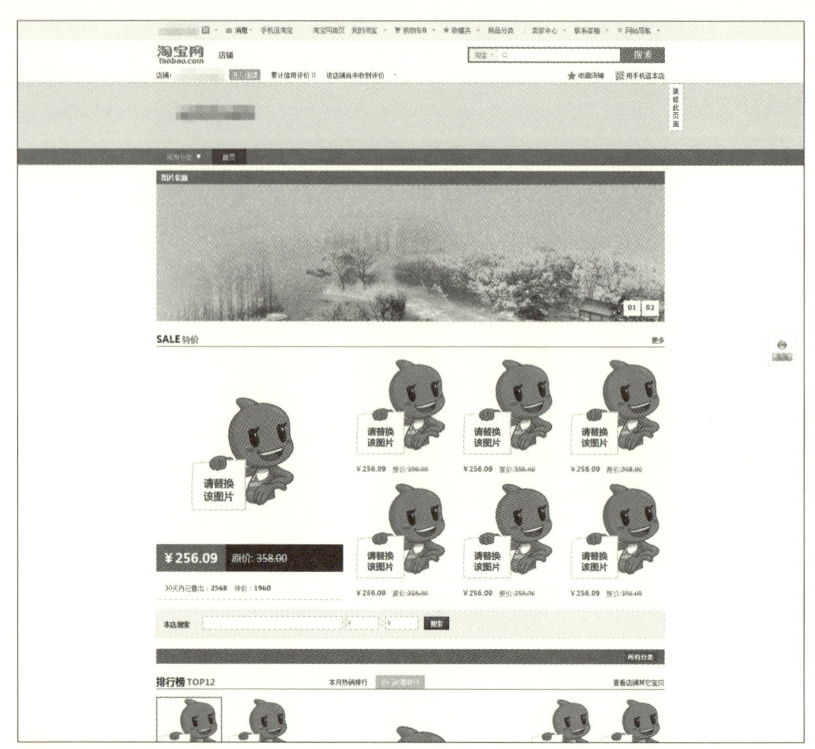

3 自分のタオバオ店舗のトップページが表示される。デフォルトの状態ではイラストが描かれたサンプルの商品ページがサムネイル表示されているが、これは出品数が増えていくにつれ、自然と消えていく。

店舗のテンプレートを活用する

タオバオには、デザイン会社や個人などがデザインした有料のテンプレートが数多く用意されています。月間の利用料金は5元からで、旺舗（84ページ参照）のバージョンや商品のカテゴリ、カラータイプなどから候補を表示して切替もできます。ファッション系やかわいい系、手書き風など様々なスタイルから候補を選べます。

お手軽にきれいな店舗トップページにすることができるので利用してみましょう。ただし、デザインの自由度が少ないことと、他の店舗とデザインが被ってしまうことが欠点です。

次の手順で、「装饰模板（デザインテンプレート）」を販売しているタオバオのページから好きなデザインを購入する方法を紹介します。

1 管理ページの左側「店舗管理」にある「店舗装飾（店舗装飾）」を選んでクリックする。

2 「装飾模板（デザインテンプレート）」をクリックする。

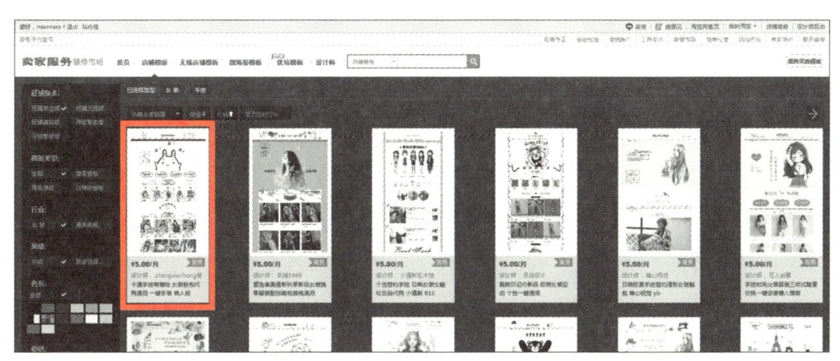

3 デザインテンプレートを購入できるページが表示されるので、好きなデザインを選んでクリックする。

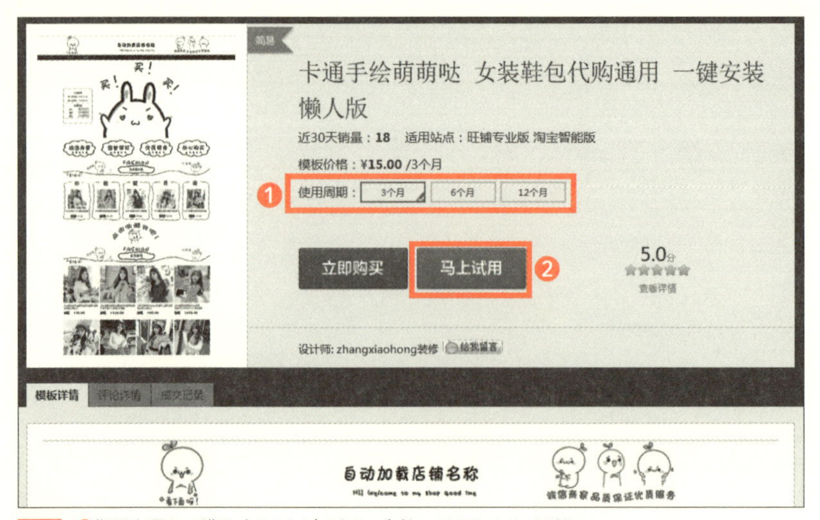

4 ❶期間を選んで購入することができる。支払いはアリペイで可能。
❷「马上试用（すぐ試用）」をクリックすると自分の店舗で使った時のプレビュー画面が確認できる。

旺舗（ワンプー）とは？

旺舗（ワンプー）とは、タオバオの提供している店舗のトップページデザインなどをカスタマイズできるサービスです。無料で使用できる基礎版と有料の専業版とがあります。専業版も店舗の信用ランクがダイヤモンド1個未満の間は無料で使用できますが、信用ランクがダイヤモンド1個以上になると月額50元が必要になります。

タオバオ店舗を開店したばかりでもすぐに利用できるので活用してみましょう。

トップページの背景設定や看板、バナーなどがきれいにできますし、店舗のアドレスであるURLも重複がなければオリジナルなURLに変更することもできます。タオバオの店舗URLは、初期にタオバオから設定されるのは（https://shop123456789.taobao.com/）のようにshopの後に数字が並ぶだけですが、旺舗の専業版ならこの「shop+数字」の部分を変更することができます。ただし、オリジナルURLにできるのは信用ランクがダイヤモンド1個になってからです。

また、ユーザーがトップページから店舗に問い合わせをしやすいように、阿里旺旺（チャットツール）のアイコンが動く機能などもあります。

ぜひ、下記の手順でツールを設定してみましょう。

有料の旺鋪には、旺鋪専業版、旺鋪智能版、旺鋪CSSの3種類あり、上位プランの方がより高機能です。

卖家服务市场（https://fuwu.taobao.com/）のページにアクセスして、検索窓で「淘宝旺铺」と検索すると旺鋪の設定を導入できます。

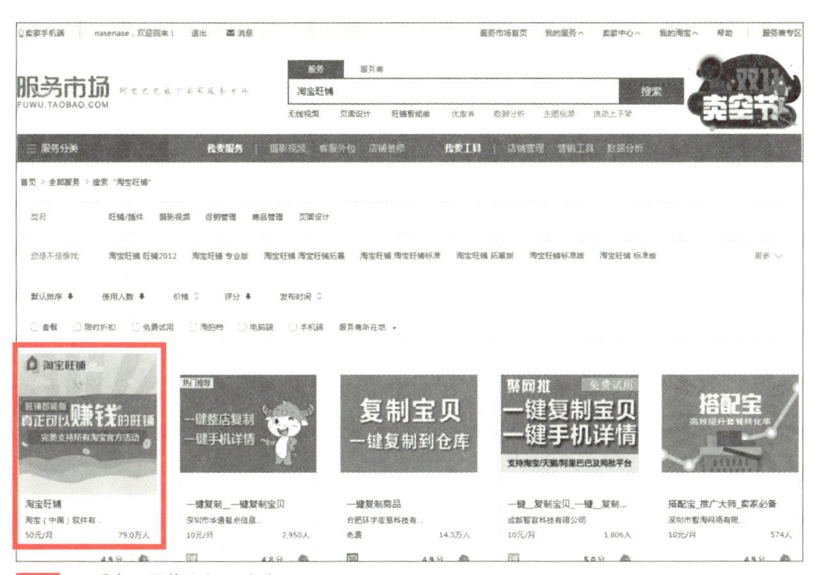

1 一番左の画像をクリックする。

2 ここから専業版を選んで購入できる。期間は、1カ月、3カ月、半年、1年から選ぶことができる。旺鋪の更新を忘れるとデザインが崩れてしまうので、好みの期間を選んで購入する。支払いはアリペイから行う。

Section 07 クレジットカード決済を導入する

中国のカード使用は年々増えている

タオバオではクレジットカードも使用できますが、利用する中国人はそれほど多くはありません。単価の高い商品の場合は使用される割合が増えますが、それでも全体の決済数の数%、多い店舗でも50%程度です。ただし、中国でも年々使用率は増えていますし、決済の手段は多い方がユーザーにもアピールできます。ぜひ、クレジットカード決済も導入しましょう。

なお、クレジットカード決済を導入するには、開店から3カ月経過していなければならないという条件があります。

カードの手数料は格安で負担にならない

出店者として気になるカード決済導入のコストですが、導入費用やランニングコストは無料です。

商品が売れた場合にのみ手数料が発生します。またクレジットカード決済はアリペイ経由で行われるので、決済手数料も商品代金の1%と驚くほど安いです。日本のECでのカード決済手数料が3〜4%程度ですから、店舗の決済コストの負担は少ないです。

タオバオで使用されるクレジットカードは中国の各銀行が発行する後払い式の信用カードで、銀聯のシステムを利用されている場合がほとんどです。

国際発行カード（海外発行のVISAやJCBなど）の場合でも3%と低く抑えられています。国際発行クレジットカードが使用される頻度は非常に少なく、クレジットカード決済は、ほとんどが中国クレジットカード決済になります。

カード決済手数料は、アリペイに入金された売上金から自動的に差し引かれます。

▼タオバオでのクレジットカード手数料
・中国大陸（香港・マカオ除く）クレジットカード ⇒ 決済手数料　1%
・国際（中国・アメリカ除く）クレジットカード　⇒ 決済手数料　3%

クレジットカード決済を導入する

　では、タオバオ店舗にクレジットカードの機能を導入する手順を解説していきます。タオバオ店舗では、クレジットカードに限らず、販売促進などに関わる様々なツールの導入を「卖家服务市场（サプライヤーサービスマーケット）」という場所で行います。タオバオ運営をしていく上で何度も利用することになるので、しっかりツールの導入方法をマスターしてください。無料のものから有料のものまで、多種多様なツールがあります。

1　タオバオIDでログインした状態で「卖家服务市场」をクリックし、「卖家服务市场（サプライヤーサービスマーケット）」にアクセスする。

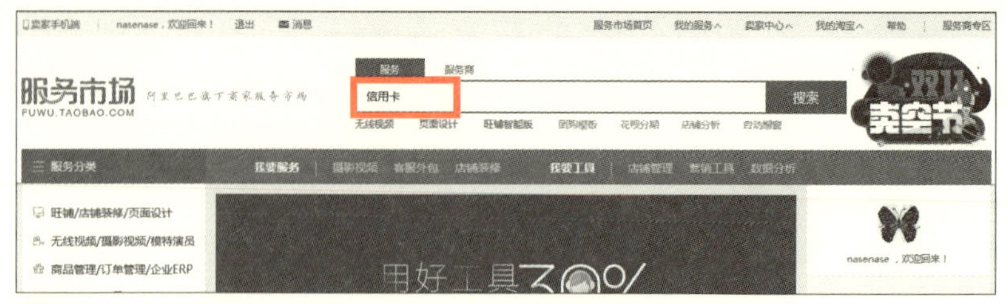

2 検索窓に「信用卡(クレジットカード)」と入力して検索する。

3 「信用卡支付服务(クレジットカード支払いサービス)」をクリックする。

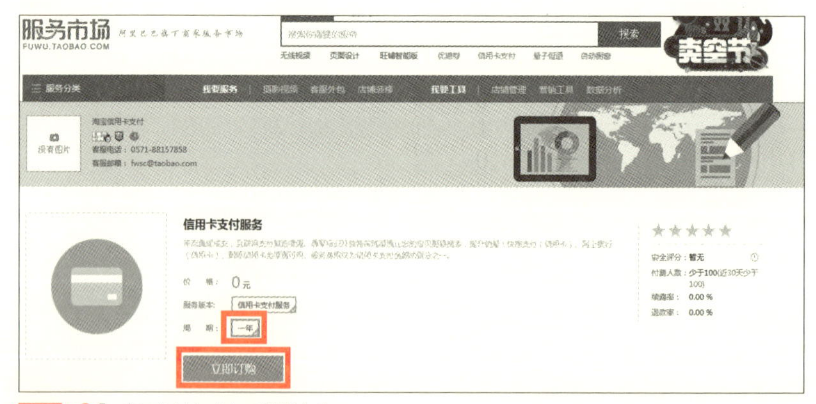

4 ❶「一年」をクリックして選択する。
❷「立即订购(すぐに購入)」をクリックする。

5 この状態で「同意协议并付款（規約に同意して支払う）」をクリックして申し込む。

6 この画面が表示されれば申請手続きは完了となる。すぐにクレジットカードによる決済がアクティブになる。

タオバオのその他の決済方法

タオバオの決済方法は、アリペイやクレジットカード以外にもいくつかありますが、基本的にはすべてアリペイ経由の決済方法になります。通常使われているのは快捷支付・余額宝・花唄・支付宝余額です。

唯一の例外は現金で直接支払う「代引き」ですが、ほとんど使われることはありません。また、日本直送でのEMSなどでは代引きができないので、本書では説明を省きます。

▼タオバオ決済方法一覧

中国語	日本語	内容
快捷支付	快速支払	アリペイ経由で銀行のデビットカード機能で支払い
余额宝	余額宝	アリペイの理財商品で毎日利息がつく。ここから支払い
花呗	花唄	アリペイの後払いサービス。ユーザーは利用手数料無料
支付宝余额	アリペイ残高	アリペイにチャージされた残高から支払い
网上银行	ネットバンク	アリペイ経由で銀行のデビットカード機能で店舗のアリペイに送金
信用卡	クレジットカード	アリペイ経由でクレジットカード決済
货到付款	代引き	商品が到着してから、商品代金＆国内送料を配達者に支払い（海外発送の商品は代引きが使えない）

Chapter 04

タオバオに商品を出品しよう

Section 01

出品する商品を用意する

商品ページの基礎知識

タオバオで販売する商品がすでに決まっている場合は、その商品が中国EC市場で勝負できるのかどうかについて市場調査することが重要です。そもそもすでにタオバオで販売されているのか、販売価格はいくらなのか、それともまだタオバオでは誰も販売していないのかを出品する前に調べましょう。

そのためにはタオバオの商品ページ構成について理解することが必要なので解説します。

▼タオバオの商品ページ

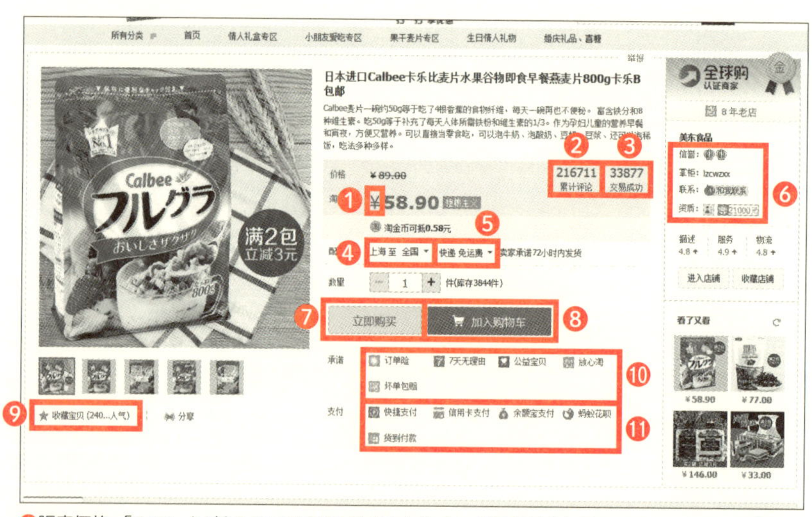

❶販売価格。「¥」マークがあるので日本円と勘違いしやすいが通貨は「人民元」となっている。 ❷累計の評価件数。 ❸直近30日間で取引が完了した販売個数。マウスをあてると、注文はされてはいるが配達途中などで取引完了までしていない注文個数も確認できる。 ❹商品の発送地。この場合は「上海から中国全土に発送可」。 ❺送料無料の意味。 ❻店舗の信用ランク、チャット問い合わせ場所、消費者保証加入金額など。 ❼すぐに購入する。 ❽カートに入れるためのボタン。他の商品を続けて購入する場合などに使う。 ❾クリックするとお気に入りに登録できる。数字はお気に入りに登録している人数。 ❿店舗が加入して提供している保険や返品条件など。 ⓫店舗が加入している決済方法。

ライバル商品をチェックする方法

タオバオの商品ページのチェック方法を把握したら、市場調査をしてみましょう。お客様である中国人ユーザーになった気持ちで、自分だったらどの商品画像をクリックするか？　どの価格の商品を購入するか？　と考えながら調査することが大事です。

「お客様目線」は、どこかで聞いたことがあるかもしれませんが、ついつい忘れてしまいがちです。一番良い方法は、実際に注文してみることです。そこまでしないと気がつかないこともたくさんあります。

自分で買うとなれば、返品の条件や商品がすぐに発送されるのかなど、たくさんのことが気になるでしょう。

調査は、最低でも検索結果の１ページ目の商品画像が並ぶ1段目と2段目の合計8商品のページに、それぞれアクセスしてじっくり確認しましょう。商品画像や販売価格、送料の設定、店舗の信用など、これからタオバオで出品するにあたってヒントの宝庫です。

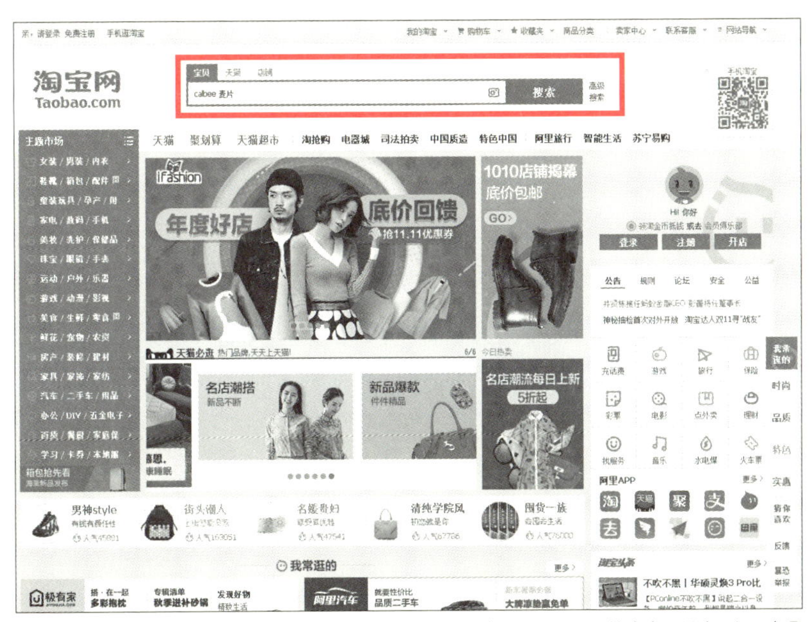

1　タオバオのトップページ（https://www.taobao.com/）にアクセスし、検索窓に調査したい商品の名前などのキーワードを入れて検索する。ここでは「calbee 麦片（オートミール）」と入力して検索する。

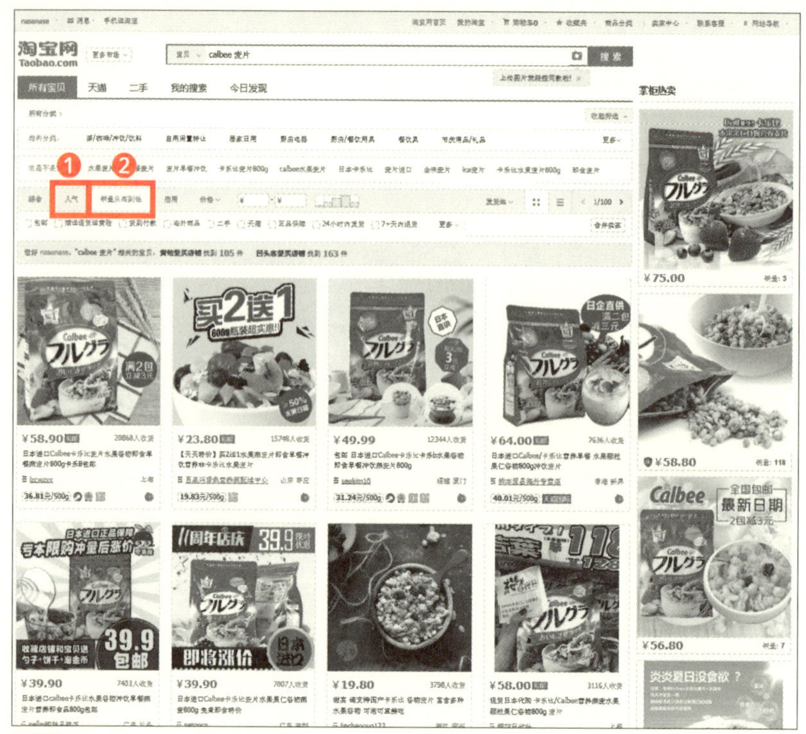

2 カルビーのフルグラ　検索結果
❶「人气（人気）」をクリックすると人気が高い順に商品が表示される。
❷「销量（販売個数）」をクリックすると月間の販売個数の多い順に商品が表示される。

タオバオのランキング調査方法

タオバオにはランキングが発表されているページがあるので、こちらもチェックしてみましょう。データは日々更新されていますが、30日間ぐらいのデータ集計から上昇率などもわかります。

気になるカテゴリに入ると、6種類の様々なランキングデータを見ることができます。

このランキングから商品やブランドの注文指数や人気度指数、上昇率など様々な情報を検索できます。商品タイトルなどに使える人気のキーワードを調べることもできるので、じっくり調査してみましょう。ライバルが少なく、利益幅の大きい商品を見つけることも可能です。

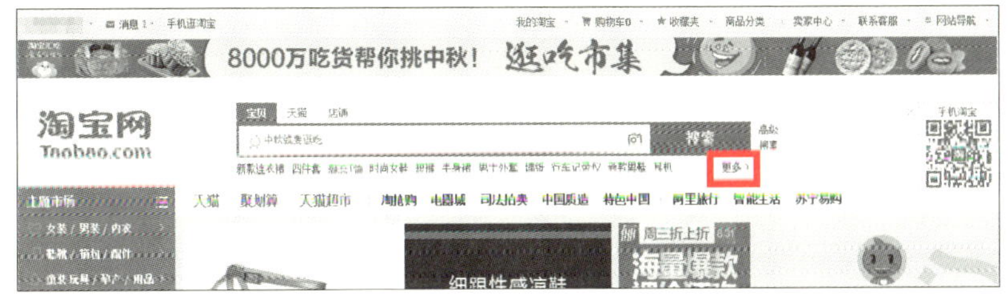

1 タオバオトップページの「更多(さらに)」をクリックしてランキングページに移動する。

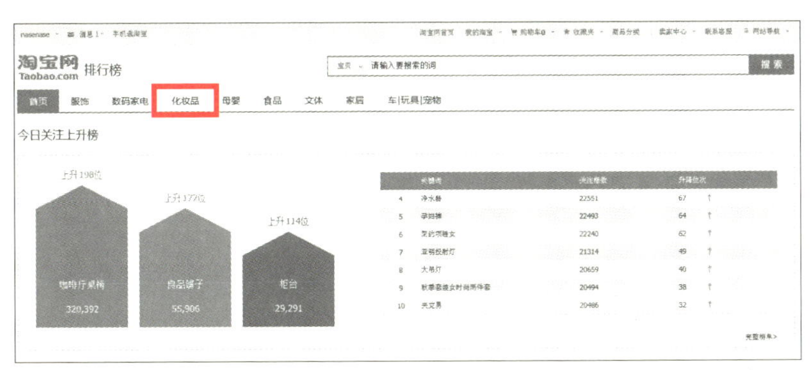

2 タオバオのランキングページ(ttps://top.taobao.com/)。このページで「化妆品(化粧品)」をクリックする。

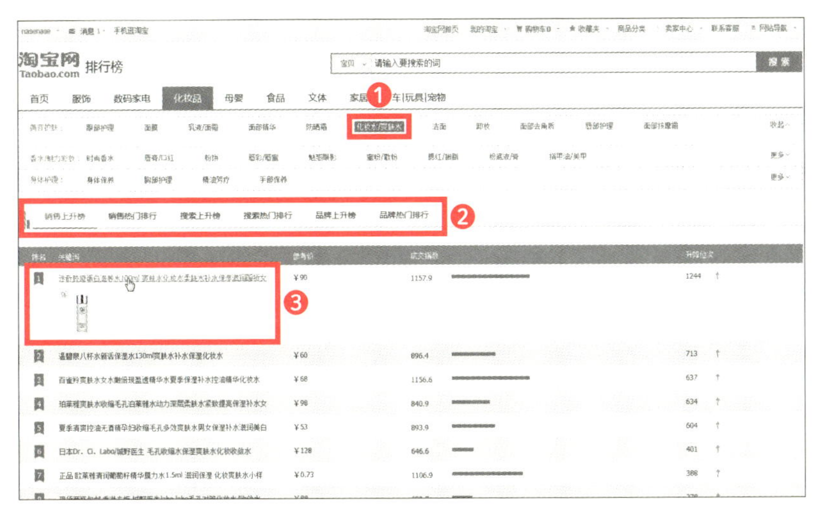

3 ❶「化妆水/爽肤水(化粧水/ローション)」を選択すると、さらに詳細なカテゴリの集計に切り替わる。
❷6種類のランキングを切り替えることができる。
❸商品タイトルにマウスオーバーすると商品のメイン画像が表示され、商品タイトルをクリックするとそのキーワードでタオバオ検索した結果表示の画面に移動する。

▼ランキングの種類一覧

中国語	日本語
销售上升榜	販売上昇ランキング
销售热门排行	ホットセールランキング
搜索上升榜	検索上昇ランキング
搜索热门排行	ホット検索ランキング
品牌上升榜	ブランド上昇ランキング
品牌热门排行	ホットブランドランキング

売れる商品の考え方

ネットショップで販売する商品の選定や価格設定などは、いうまでもなく最重要です。

日本ですでにネットショップの運営をしていて販売する商品が決まっている人もいるでしょうし、販売可能な商品アイテム数がたくさんありすぎて、タオバオで売る商品を絞らないといけない人もいると思います。また、タオバオで売れる商品をこれから探して仕入れようと考える人もいるでしょう。

売れている商品は、売れている理由があります。ですが、タオバオで他の店舗がすでに大量に売っている商品をあなたがこれから売り出しても、すぐに同じだけ売れるとは限りません。すでに人気や知名度があり競合が強い商品は、それだけ上位表示されるまでに時間がかかることも多く、逆に売りにくい商品である場合もあります。

売れるか、売れないかを最も正確に把握するには、実際に販売してみることです。ショーケースに並べることなく、頭の中で売れるかどうかと悩んでいるのなら、早く販売を開始してマーケットに答えを聞いてみましょう。

商品タイトルのつけ方のコツ

商品タイトルの重要性とルール

タオバオもネットショッピングモールですから、トップページからユーザーが検索して商品を探すことに日本と何ら変わりはありません。どのようなキーワードを商品タイトルにつけるかによって検索結果が変わります。商品タイトルには2つのポイントがあり、1つ目は、ユーザーに見せるためのタイトルです。ユーザー目線で、どのような商品タイトルならクリックして商品ページにきてくれるかをよく考えましょう。

2つめは、もちろんタオバオの検索対策です。タイトルは検索対象になる最も大切なものなので、商品の特徴、属性、商品の基本情報をしっかり考えてつけましょう。

基本的なルールは、文字数は60バイトです。漢字１文字は2バイト、半角英数字1文字やスペースは1バイトとして計算されます。必要な情報をキーワードとして盛り込むと意外と少ないので、後述するタオバオ独自のタイトルのつけ方のコツやキーワード選定方法を参考に商品タイトルを決めていきましょう。

記号は使用可能ですが、検索対象になりません。

商品タイトルの下部にある「卖点」と呼ばれるセールスポイントの部分は、漢字や英数字、記号もすべて1文字計算で150文字まで記入可能です。タイトルと違ってバイト数での計算方法ではありません。ここでのキーワードは検索対象にはなりませんが、ユーザーに商品の特徴などをアピールできるので商品タイトルを決める時に一緒に考えて、エクセルなどに入力して管理すると良いでしょう。

商品タイトルのつけ方のコツ

タオバオでは、商品タイトルの一番前と一番後ろのキーワードが重要視されています。これは「前後の原理」と呼ばれており、商品名入力の際の鉄則です。

もう1つは「半角スペース」の活用です。タオバオのアルゴリズムは、半角スペースの前にあるキーワードをより重要であると判断します。ですから、アピールしたいキーワードの後ろにスペースを入れるようにしましょう。一番おすすめな方法は、1つの商品タイトル内に2つ程度のスペースを入れることです。ぜひ、お試しください。

簡単に良いキーワードを選定する方法

自分の販売予定の商品のメインキーワードを検索してみて、売れているライバル商品のキーワードを真似するやり方が、簡単に良いキーワードを選定する方法だと思う人もいるかもしれません。確かに販売実績で結果を出しているライバル商品の商品タイトルは参考にはなりますが、そのまま盗用するのはやめましょう。この行為は、タオバオのアルゴリズムでは評価が下がるポイントになります。また、盗用した商品タイトルではキーワードとして検索にヒットしない場合もあるので注意してください。

ある意味、簡単に楽して良いキーワードを選定する方法はないと考えて、常に改善していくものと覚悟を決めましょう。商品タイトルの良し悪しは、商品の土台をなすものです。良質のユーザーアクセス数を伸ばすだけにとどまらず、注文の転換率や評価にも影響があるので頑張りましょう。

解析ツール「生意参谋」を活用する

タオバオには、アクセス数や検索キーワードを調べることができる「生意参谋」という無料の解析ツールが用意されています。このツールを使って、キーワード選定の参考にしてみてください。

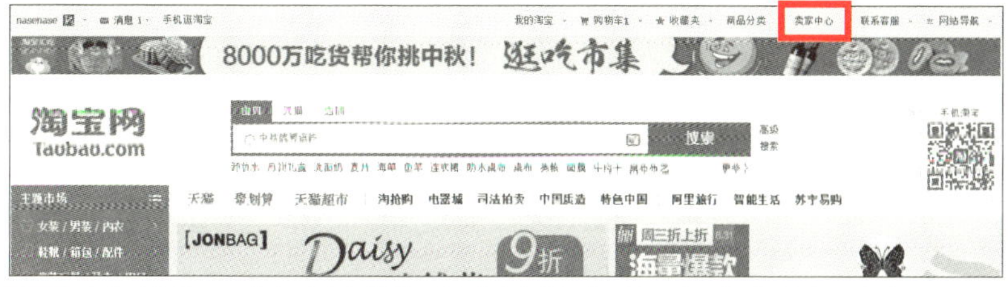

1 タオバオIDでログインをした状態で「卖家中心(サプライヤーセンター)」をクリックする。

2 「生意参谋(解析ツール)」をクリックする。

3 ❶「专题工具(専用ツール)」にマウスオーバーする。
❷「选词助手(キーワード選定アシスタント)」をクリックする。

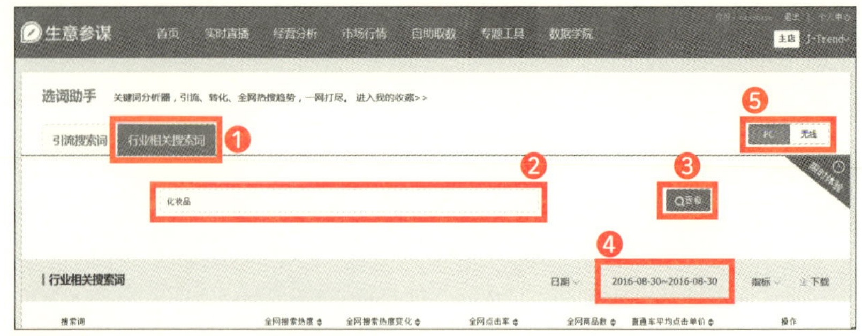

4

❶「行业相关搜索词(業界関連検索キーワード)」をクリックする。
❷調査したいキーワードを入れる。
❸「查看(調べて見る)」をクリックする。業界関連キーワードが表示されるので参考になる。
❹クリックすると調査期間を変更できる。
❺クリックすると調査対象をPCとモバイルで切り替えられる。

タオバオで使用できないキーワード

タオバオには、商品タイトルなどに入れてはいけない使用禁止キーワードがあります。商品ページの削除はもちろん、警告の対象となりますので、一覧表をよく見てタイトルを考えてください。一覧表以外でも客観的根拠がない絶対化するようなキーワードは使わないよう注意してください。

▼タオバオの禁止キーワード

极限词（违禁）一览表

最	最、最佳、最具、最爱、最赚、最优、最优秀、最好、最大、最大程度、最高、最高级、最高端、最奢侈、最低、最低级、最低价、最底、最便宜、史上最低价、最流行、最受欢迎、最时尚、最聚拢、最符合、最舒适、最先、最先进、最先进科学、最先进加工工艺、最先享受、最后、最后一波、最新、最新技术、最新科学。
一	第一、中国第一、全网第一、销量第一、排名第一、唯一、第一品牌、NO.1、TOP.1、独一无二、全国第一、一流、一天、仅一次（一款）、全国X大品牌之一
级/极	国家级、国家级产品、全球级、世界级、宇宙级、顶级、顶尖、尖端、顶级工艺、顶级享受、高级、极品、极佳（绝佳、绝对）、终极、极致
首/国	首个、首选、独家、独家配方、首发、全网首发、全国首发、首家、全网首家、全国首家、首次、首款、全国销量冠军、国家级产品、国家（国家免检）、国家领导人、填补国内空白、中国驰名商标、国际品质
品牌	大牌、金牌、名牌、王牌、领袖品牌、世界领先、（遥遥）领先、领导者、缔造者、创领品牌、领先上市、巨星、著名、掌门人、至尊、巅峰、奢侈、优秀、资深、领袖、之王、王者、冠军史无前例、前无古人、永久、万能、祖传、特效、无敌、纯天然、100%、高档、正品、真皮、

Section 03 販売価格設定のコツ

為替レートの変動は覚悟しておくこと

日本人がタオバオで販売する場合に、円と元の為替レートは店舗運営に大きな影響を与えます。円安の場合は輸出となるタオバオでの販売に追い風ですし、逆に円高になると利益を圧迫したり、元建てでの値上げのために販売数の減少につながることがあります。しかし、これは越境ECでは避けることができません。

為替レートの変動で一喜一憂せずに、円高になることもあるし円安になることもあると覚悟を決めましょう。

一般的には、多少の変動幅でも大丈夫なように、余裕をもって価格設定するのがセオリーです。それでも為替の変動はつきものなので、ライバル商品の動向も見ながら販売価格を変更するようにしましょう。

消費者に選ばれる販売価格とは？

タオバオのユーザーは、まず値段、次に品質、３番目にサービスを見るといわれています。一般にみられる顧客心理は、一番高いものは買わない、一番安いものも買わない、その中間を買うという選択です。商品価格を決める際は、この中国人心理を理解した上で価格設定をすべきです。

中国人ユーザーの心理には、あまりに安すぎる商品は偽物や粗悪品ではないかと疑う気持ちが、日本人以上に強いところがあります。商品の価格は品質やサービスとも連動していて、中国人は買い物をする時に費用対効果を非常に気にします。中国では、良い商品は高くても売れるとは限らないのです。高価格に納得してもらえるだけのメリットをしっかりアピールする必要があります。

店舗がどれだけ信用できるかも重要な要素です。新規開店のタオバオ店舗は、信用力が低いことを自覚して価格設定をしましょう。

薄利多売か？　利益を取るか？

利益は高い方が良いのは当たり前ですが、売れなければどんな高い粗利設定をしていても１円の売上にもなりません。競合の激しい知名度のある人気商品を販売している店舗では月間数万個を売っていることもよくありますが、どちらかというと大量仕入れや大量輸送など、スケールメリットを生かしたコスト削減を限界まで行った上での薄利多売方式になる場合が多いです。

しっかり利益を得るには、競合の少ない商品を選定することが大切です。さらに、日本企業だから偽物ではないというアピールをしっかり表現して、ユーザーにもお得感を感じてもらいながら利益を得ることが必要です。知恵と工夫を凝らすという意味では、商売の醍醐味のようなものです。

番外編　中国ECのプロの販売価格設定法

タオバオでの商品価格設定に役立つ「生e经」というツールを紹介します。このツールを使うと、特定の商品の最低価格から最高価格まで、すべての価格帯を詳細にチェックできます。

「生e经」は7日間の試用期間もありますが、月額10～50元程度の安価で利用できるので、インストールして使ってみましょう。

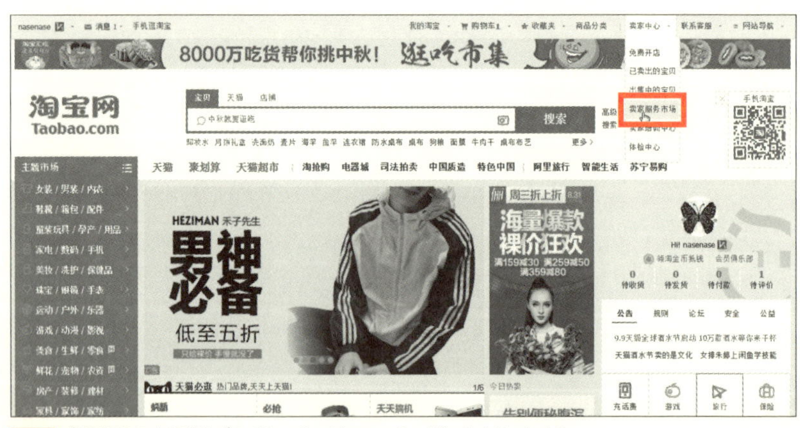

1 「卖家服务市场（サプライヤーサービスマーケット）」をクリックする。

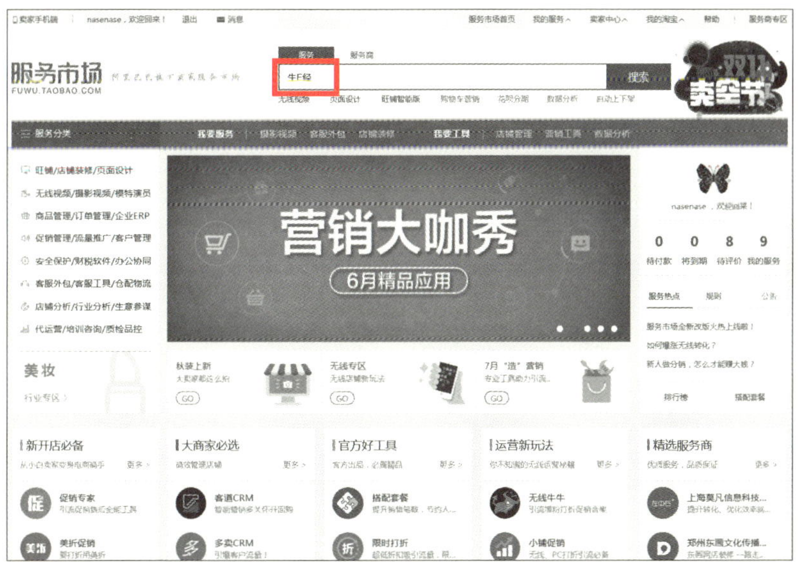

2 「卖家服务市场(サプライヤーサービスマーケット)」のページ。ここから様々な店舗運営に便利なツールの申し込みが可能。「生e经」を検索窓に入力して検索する。

3 「生e经」をクリックする。

4 ❶今回は7日間の試用ができる「7天(免费试用)」をクリックする。
❷「立即订购(直ちに予約購入)」をクリックする。

5 「同意协议并付款(規約に同意して支払う)」をクリックして購入する。

6 これでツールの申し込みは終了。続いて「立即使用(すぐに使用)」をクリックする。

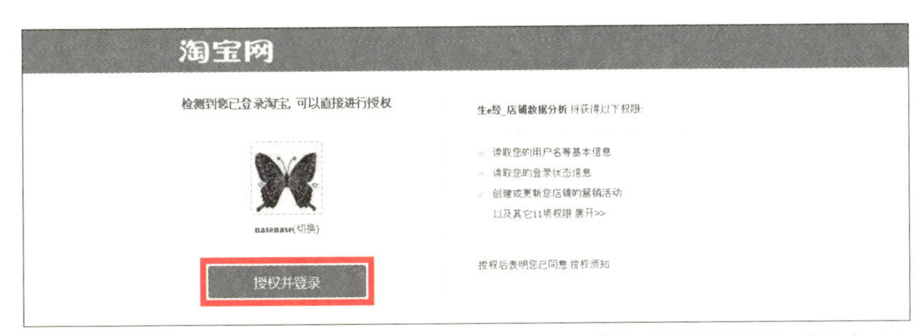

7 先ほど申し込んだツールの使用を許可する画面になるので「授权并登录(授権兼ログイン)」をクリックする。

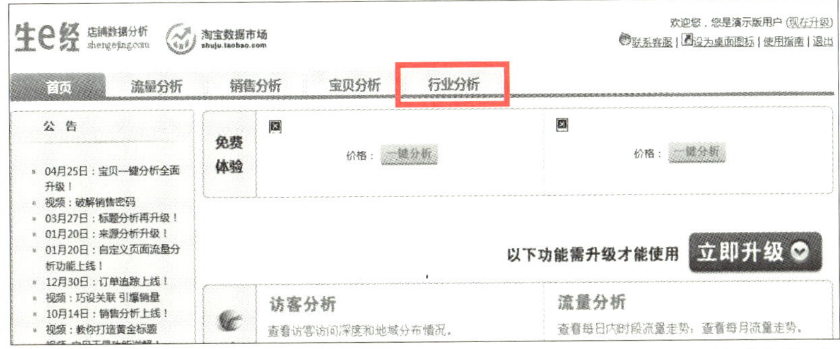

8 アクセス分析、販売分析、商品分析、業界分析などができる。今回は市場の販売価格相場の調査のため、「行业分析(業界分析)」をクリックする。

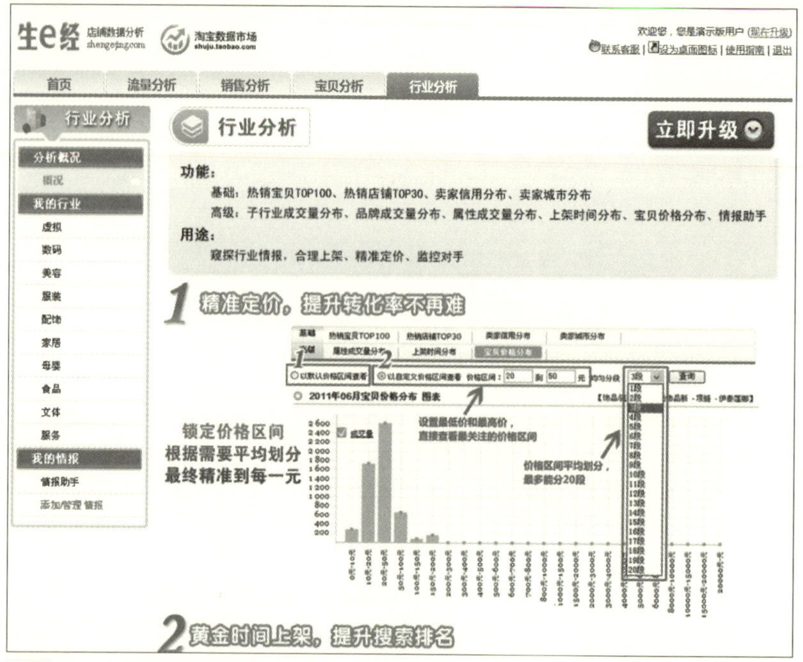

9　商品の価格相場、価格帯、ホットセール商品、出品時間調整、ライバル情報確認など様々な分析ができるようになる。

出品禁止商品の確認方法

タオバオは日本のモール以上に様々な商品が販売されていますが、当然、販売できない禁止商品もあります。しっかり確認して間違って出品してしまわないように注意をしましょう。もし知らずに出品してしまいルール違反を犯せば、警告を受けたり商品削除や処分を受けることもあります。

タオバオの規約で販売が禁止である商品もありますが、基本は中国の法律によるものが多いです。

例えば、医薬品、盗聴器、タバコなどがありますし、武器や麻薬、偽物、盗難品なども当然禁止です。中国らしいところでは、共産党や中国政府に反抗的なものなども販売することができません。

販売禁止の商品は意外と多く、随時更新もされるので、淘宝規則のページをチェックして出品する際に気をつけるようにしましょう。

▼淘宝規則（https://rule.taobao.com/detail-331.htm?spm=0.0.0.0.xnpR4y）

附件一 禁发商品及信息名录及对应违规处理

2012-12-18

禁发商品及信息	对应违规处理
（一） 仿真枪、军警用品、危险武器类：	
1. 枪支、弹药、军火及仿制品；	严重违规行为，每次扣四十八分
2. 可致使他人暂时失去反抗能力，对他人身体造成重大伤害的管制器具；	严重违规行为，每次扣四十八分
3. 枪支、弹药、军火的相关器材、配件、附属产品，及仿制品的衍生工艺品等；	严重违规行为，每次扣十二分。情节严重的，每次扣四十八分
4. 管制类刀具、弓弩配件及甩棍、飞镖等可能用于危害他人人身安全的管制器具；	严重违规行为，每次扣十二分。情节严重的，每次扣四十八分
5. 警用、军用制服、标志、设备及制品；	严重违规行为，每次扣六分；情节严重的，每次扣十二分；情节特别严重的，每次扣四十八分
6. 带有宗教、种族歧视的相关商品或信息。	严重违规行为，每次扣六分；情节严重的，每次扣十二分；情节特别严重的，每次扣四十八分
（二） 易燃易爆，有毒化学品、毒品类：	
1. 易燃、易爆物品（烟花爆竹除外）；	严重违规行为，每次扣四十八分
2. 剧毒化学品；	严重违规行为，每次扣四十八分

禁止ではないが販売が難しい商品

その他、販売禁止ではないが日本からの越境ECでの販売が比較的難しい商品について解説します。

日本と違って、中国ではクール便のような冷凍、冷蔵で商品を運ぶ物流サービスが充実していません。日本からの越境ECでよく使用される日本郵便のEMS（国際スピード便）などでも、中国本土向けの発送にクールEMSのサービス提供がありません。保冷が必要な日本の食料品を世界にお届けするクールEMSは、シンガポール・香港・台湾・マレーシア・ベトナム・フランスの6カ国だけで、中国本土向けのサービス開始を待たれるところです。

また、常温での輸送が可能な食品でも、賞味期限があまりに短いと国際間での輸送はお届けまで日数がかかる場合もあるので向いていません。

その他にも、日本から直送する場合、重たい商品や大型商品は輸送コストが高くなります。EMSなどの空輸では重量やサイズに制限があり、送料も高額なため難しい場合があります。

ただし、空輸が難しければ船便を使うなど知恵を絞り、簡単に断念せずに何か方法はないか調べたりすることも大事です。人と違うことをするからこそ、成功することも多いものです。

許認可が必要な商品

タオバオでは販売するにあたって中国の許認可が必要なものもあります。酒類、書籍、医療機器などはその代表です。それぞれ中国政府の許認可関係の書類が必要で、日本人では取得ができません。これらの対象カテゴリの商品を出品する時に各種許可証のアップロードをしないと出品できないので、日本人がこれらのカテゴリで販売することは実質不可能ということになります。

ペット用品は一部のカテゴリに出品する際は許認可が必要な場合もありますが、許認可が不要なカテゴリもあるので確認しましょう。また食品カテゴリの商品は、日本直送のような海外発送の場合は許認可不要で販売が可能ですが、中国に在庫を置いて中国内発送をする場合には食品経営許可書などが必要になり難しいです。保税区の活用など別の方法を検討する必要があります。

一流ブランドは販売ライセンスが必須

2015年1月、中国国家工商行政管理総局がネット通販商品の偽物調査を行い、対象9社のうち7社から偽物が見つかったと中国メディアで報道されました。商品の正規品率は対象となった京東商城で90%、天猫（Tmall）で85.7%、1号店で80%という結果の中、タオバオはサンプル50点中に32点が偽物で正規品率は最低の37%でした。

タオバオを運営するアリババグループは、「タオバオは偽物が多い」という評判を一掃しようと力を入れています。近年、特に力を入れているのがブランドの商標権など知的財産権の保護です。

「授権書(販売ライセンス)」を取得する

授権書とは中国で商標権などを持っているブランドなどからタオバオで販売することの許可を得ている証明書、販売ライセンスのことです。一部のブランド商品は、タオバオで販売する時に「授権書を要求されることがあります。

授権書がない場合は、中国への輸入時の通関資料、正規仕入の証拠となる伝票や納品書などの資料をタオバオから偽物でない証明として要求されることがありますので注意が必要です。

対象となる可能性のあるブランドは、タオバオを運営しているアリババグループの下記のURLから確認をしましょう。随時、ブランドの追加もあるので商品の選定や出品前には確認が必要です。

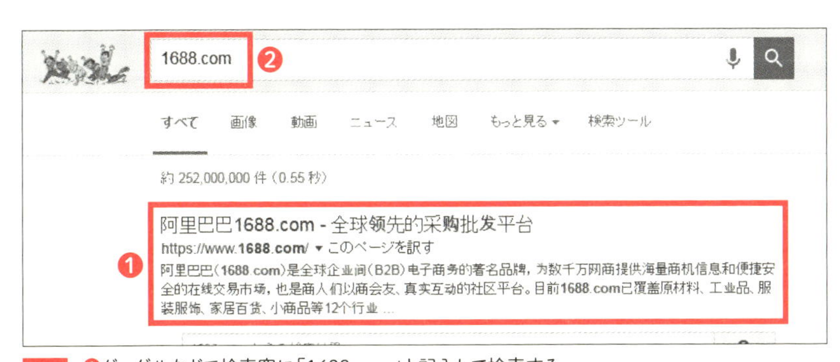

1 ❶グーグルなどで検索窓に「1688.com」と記入して検索する。
❷「阿里巴巴1688.com - 全球领先的采购批发平台」をクリックする。

2 アリババグループの「1688.com」のトップページ。
「规则(規則)」をクリックする。

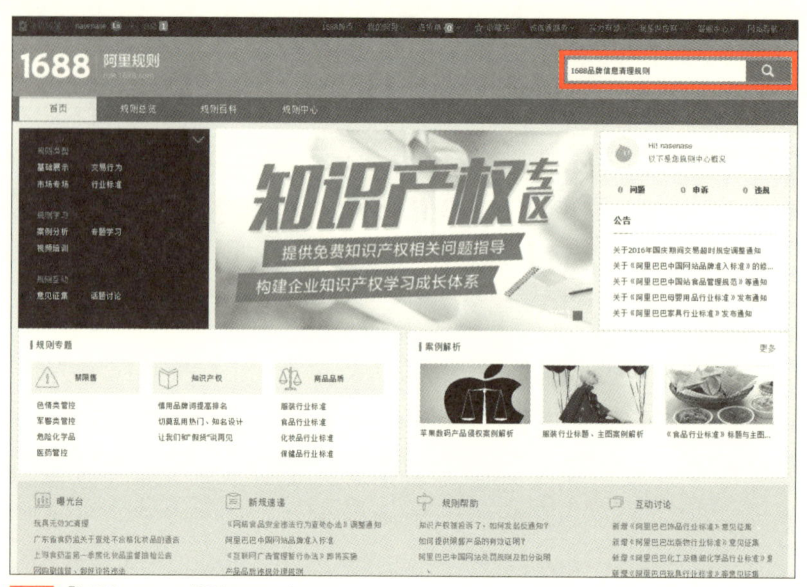

3 「1688.com」の規則のページ。
検索窓で「1688品牌信息清理规则（1688ブランド情報規則整理）」を記入して検索する。

4 「1688品牌信息清理规则（1688ブランド情報規則整理）」をクリックする。

手机版 您好， nasenase 消息 1 1688首页 我的阿里 进货单(0) 收藏夹 诚信通服务 我是供应商 客服中心 网站导航

1688 阿里规则

首页 规则总览 案例解析 我的规则中心

全部规则
总则
概念
定义
用户行为规则
违规行为及处理
实施细则
信息展示类
交易行为类
线上互动类
市场专场类
公告
标准
行业标准
协议
规则百科
知识产权
商品品质
禁限售
案例说明
知识产权
认证规则
规则动态
意见征集

规则总览 > 标准

1688品牌信息清理规则

规则类型： 标准 发布时间： 2015-09-07

为打造合法有序的市场环境，结合网站及品牌商的反馈，阿里巴巴联合品牌商对部分品牌做清理。
一、清理情形：
1、涉嫌销售假冒商品的行为；
2、相关信息涉及到未经授权的他人品牌：
A、发布的信息与获得授权的品牌不一致情形；
如：获得授权品牌：AFS JEEP，但信息出现的是JEEP。
B、涉嫌不正常竞争情形；
如：信息中显示XXX品牌同款，或XXX品牌风格等字样。
C、信息描述中出现他人品牌信息情形；
如：相关信息中介绍公司主营产品中提及XXX品牌，造成混淆、误认。
D、相关信息的其他地方涉及他人品牌的情形。
若发生上述任一行为的，阿里巴巴将对其所发布的信息进

二、清理信息包括但不限于以下范围：
1、旺铺：装修内容、公司相册、自定义类目、公司介绍、采购单、询价单及供应产品信息等所有信息；
2、博客：博文；
3、论坛：新发帖子或回复的内容；
4、企业官网：装修内容及其中的供应产品等所有信息；
5、其他。

三、处理规则
用户如存在上述任一行为的，阿里巴巴有权依据《知识产权侵权处理规则》及相关规则对相关信息做相应删除处理和处罚。

四、申诉
1、品牌商出具该品牌的授权书（被授权对象须与阿里巴巴上认证的公司名称一致）；
2、国内全链路正规渠道进货凭证（有正规发票，且相关信息均吻合）等；
3、进口该品牌时的报关单据（进口单位与在阿里巴巴上认证的公司名称须保持一致）。
申诉资料可发送至侵权邮箱b2b-ccbu-ipr@alibaba-inc.com，同时备注会员ID及主张的品牌名。
五、目前网站限售品牌或品类（后续会视情形有所调整）
1、限售品牌

3ce/三只眼	huarun/华润漆	Rococo/洛可可
A.Lange&Sohne/朗格	Hugo Boss	Roger Dubuis/豪爵
Aape	Hush Puppies/暇步士	Roger Vivier
ABB/艾波比	ightMoves	Rosdn/劳士顿
Adata/威刚	IK colouring/阿帕琦	Rossini/罗西尼
Aesop/伊索	impression	Royal Crown/皇匠
Agnes.b	Ioonhai/百纳海	S.T.Dupont/都彭
akg/爱科技	Isabel Marant/伊莎贝尔·玛兰	Sandisk/闪迪
Albion/澳尔滨	Issey Miyake/三宅一生	Sangdo/桑德
Alexander Wang/亚历山大·王	iSTONE/石头记	Savinelli1876
algemarin/爱姬玛琳	it's skin/伊思	SAVOL/章华
allure bridals	Jabra/捷波朗	Schwarzkopf/施华蔻
Alyce	Jack wolfskin/狼爪	Seagate/希捷
American Standard/美标	jbl	SEKKISEI/雪肌精
Amii/艾米	Jcare/珍珂儿	Sellai@Diys/诗莱迪
ANESSA/安热沙	JEAYOU/积优	Semdu/绅度
Anna sui/安娜苏	JEEP/吉普	SENNHEISER/森海塞尔
ANTA/安踏	JIANIANHUA/嘉年华	sephora/丝芙兰
AOZZO/奥朵	Jimmy Choo	Shanghai/上海
Apacer/宇瞻	Jiose/吉欧时	she's
appetime	jissbon/杰士邦	Shell/壳牌
AQUAIR/水之密语	JIUSKO/积豪	shen gao/圣高
ARCTERYX/始祖鸟	JOLEE	Shu uemura/植村秀
ARROW/箭牌	JOMOO/九牧	Shure/舒尔
Asvinda/雅仕蓝帝	JORG GRAY	SIGSI/星时
Audio Technica/铁三角	Josiny/卓诗尼	Sisley/希思黎
AUPU/奥普	Jovani	Skmei/时刻美
Avon/雅芳	Joy&Peace/真美诗	SKSHU/三棵树
Awsky/奥威时	JPF	skullcandy
Bang & Olufsen	jplus/静佳	SMAYS/思魅
Bari Jay	JUCAI/聚才	snail white
BASTO/百思图	Juicy Couture/橘滋	sophia tolli
Baume & Mercier/名士	julietta	Speck/思佩克
BBK/步步高	Jurlique/茱莉蔻	SPIDER KING/蜘蛛王

5 授権書などが必要になるブランド一覧が記載されているページ。ここで出品しようとするブランドをチェックする。記載がないブランドでも授権書を要求される場合があるので注意が必要。

Chapter 04

Section 04 消費者保証には必ず加入しよう

ユーザー保護のための仕組みがある

タオバオの消費者保証とは、ユーザー保護のための制度です。万が一、店舗とユーザーの間でトラブル（不良品・誤発送など）があった際に、もし悪質な店舗で対応をしてくれない場合などにユーザーはタオバオに訴え出ることができます。

ユーザーから訴えがあると、タオバオは審査を行います。その結果、店舗側に問題あると判断した場合、タオバオは店舗から預かっている保証金を使用してユーザーへ補償します。

輸送中の商品破損や間違った商品を発送してしまったケースでは、対応さえ間違えなければ消費者保証の対象となるようなことはありません。店舗をあまり信用していないユーザーを安心させるための制度と考えると良いでしょう。

消費者保証金は、加入時にアリペイ経由でタオバオに預けます。タオバオをやめる時には、返金申請をすれば全額返金されます。最低額を下回らなければ、いつでも減額あるいは増額することが可能です。

▼消費者保証のロゴマークと表示位置（商品ページ）

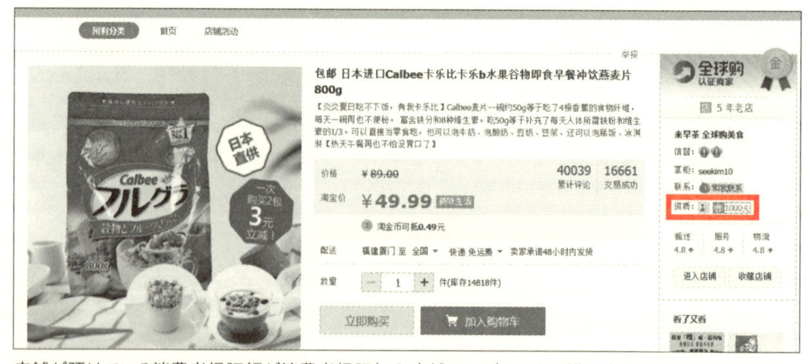

店舗が預けている消費者保証額が消費者保証加入店舗のロゴマークの横に表示される。

消費者保証の加入メリットとは？

消費者保証制度に加入すれば、購入をためらうユーザーの心理的なハードルが下がり、店舗の販売促進に有効となります。必ず加入しましょう。

もうひとつのメリットは、タオバオのアルゴリズム（検索結果で表示順位を決定するシステム）で評価され上位表示につながるSEO効果が少しあります。タオバオはユーザーが「良い買い物」ができる可能性が高い店舗を上位表示させ、購入者の満足度を上げることを目的としているからです。

最低保証金額はいくらか？

消費者保証で預け入れ可能な金額は、商品カテゴリにより違いますが最低1,000元以上です。上限はありません。最低金額を下回らない限り、1元単位で保証金を入れることが可能です。通常の商品カテゴリの最低額は1,000元ですが、下記の商品カテゴリの場合は最低保証金が変わるので注意しましょう。

▼特殊な最低保証金額が設定されるカテゴリ

ジュエリー／ダイヤモンド／翡翠／ゴールド	5,000元以上
ペットフードおよびペット用品　犬、猫	6,000元以上
携帯電話本体	1万元以上
電気自動車、老人用の移動車と電気4輪車	5万元以上

保証金の金額設定は悩むと思いますが、自分の店舗で販売する商品の平均的な単価を考慮してください。具体的には、1,000元の保証では足りないような価格帯の商品を多く販売している場合は多めに金額設定をすれば良いでしょう。

保証制度の加入手続き

預け入れる保証金額が決定したら、実際に消費者保証への加入手続きをします。まず保証金は必ずアリペイからタオバオに支払うので、アリペイに残高がない場合はアリペイと紐付けている中国の銀行などから支払うことが可能です。

以下に加入手続きの手順を解説します。簡単なので開店したらすぐに手続きしておきましょう。

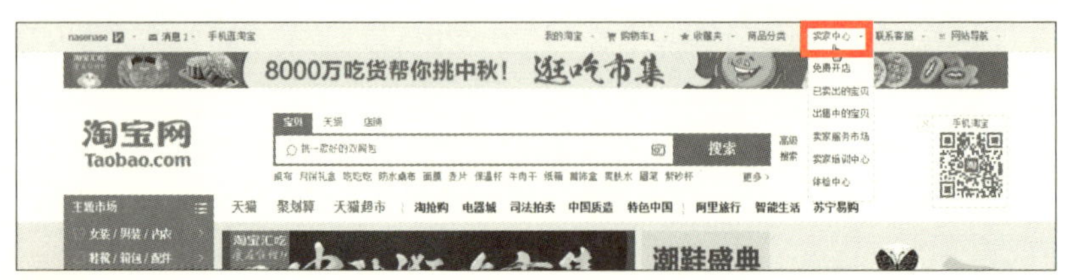

1 タオバオIDでログインした状態で「卖家中心(サプライヤーセンター)」をクリックする。

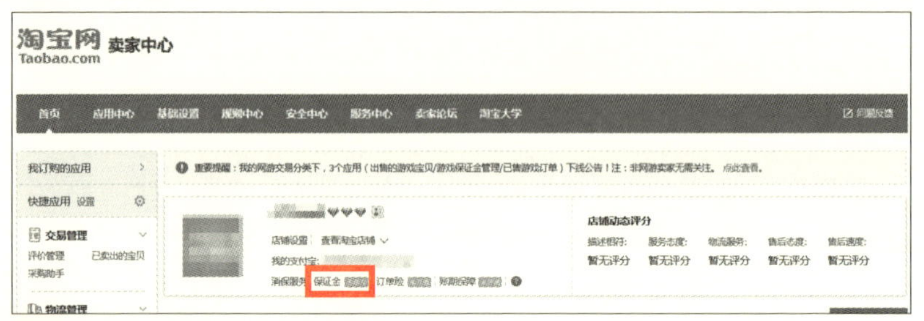

2 「保证金(保証金)」をクリックする。

3 この画面で消費者保証に加入する。「缴纳(納付)」をクリックする。

4

❶デフォルトでは最低金額の1,000元にチェックが入っている。
❷任意の金額にしたい場合、金額を入力してチェックを入れる。
❸クリックして数字証書をインストールする。

5

❶「通过手机短信（携帯ショートメッセージ）」にチェックを入れる。
❷「下一步（次へ）」をクリックする。

6

❶「使用地点(使用場所)」で選択できるメニューはどれを選択しても良い。
❷認証番号欄に右横の文字を記入する。
❸「提交(提出)」をクリックする。

7

❶登録した携帯電話にショートメールが届くので、メールに記載された6ケタの認証番号を記入する。
❷「确定(確定)」をクリックする。

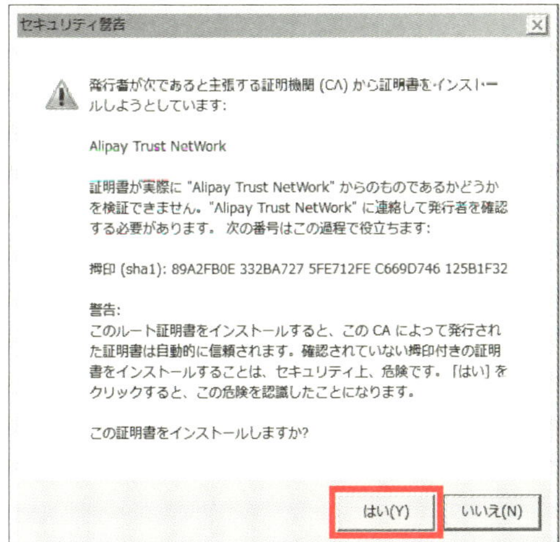

8

セキュリティの警告画面が表示されるので「はい」をクリックする。

9

❶アリペイの送金パスを記入する。
❷「确定（確定）」をクリックする。

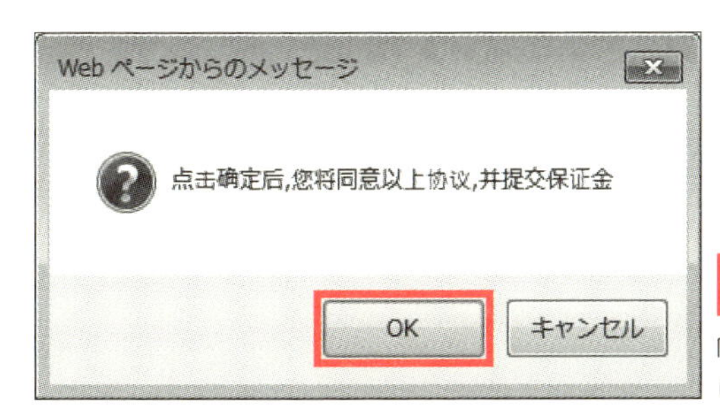

10

「上記の金額を保証金として払います」に同意して「OK」をクリックする。

11 ❶この画面が表示されたら消費者保証の加入成功。
❷「消费者保障服务（消費者保証サービス）」のタブをクリックするとその他の消費者保証サービスに加入もできる。

その他の消費者保証

消費者保証には、先ほど加入したもの以外にもたくさん種類があります。「7天无理由退货（7日間理由なし返品）」に加入している店舗が多いようです。

ユーザーにとって消費者保証に加入している店舗では安心して購入ができるので、できるだけ加入して注文につなげましょう。

詳しくは「タオバオの消費者保証サービス一覧表」にマークや名称、保証内容などを記載しているので確認してください。

また、消費者保証サービスとは少し違いますが、食品カテゴリの出品には、「订单险（注文保険）」か「账期保障」という、アリペイへの入金期間が15日間延長する保証に加入することが条件となります。

▼タオバオの消費者保証サービス一覧表

画像	名称	サービス概要
	消費者保障服务 (消費者保証サービス)	消費者保障は、実質加入必須となります。消費者保障サービスに加入し、保証金(1000元〜)を入金した時点でこのマークが表示されます。
	7天无理由退货 (7日間理由なし返品)	7日間以内であれば、返品、交換が可能となります。商品品質に問題があれば、送料も店舗側で負担しなければなりません。商品品質の問題がなければ、返品、交換の送料はユーザー側で負担します。
	海外直邮(海外直送)	海外商品に興味があるユーザーに注目されやすくなります。アクセスや転換率のアップも期待できます。実際の発送を中国からすればユーザーへの違約金を支払うことに承諾します。
	退货承诺(返品承諾)	商品到着日から店舗規定保障期間内は、不良品や購入した商品と商品ページの不一致があれば往復送料を店舗が負担して返品、交換をします。
	卖家包税 (店舗が関税負担)	海外直送向けの税込サービスです。ユーザーの不安を取り除き、アクセスと転換率もアップできます。
	免费送装 (運送と据え付け無料)	ユーザーの配達先が店舗規定の場所にあれば、店舗はユーザーに送料無料と据え付け無料の特別なサービスを提供します。
	免费换新 (新品交換無料)	30日間以内であれば、商品故障が出た場合、ユーザーに無料新商品交換、同じ価格の商品交換(1回だけ)サービスを提供します。
	卖家运费险 (店舗側の送料保険)	返品の時、送料を保険会社が負担してくれるサービスです。
	破损补寄(破損再送)	商品到着日から店舗規定保障時間内まで、運送途中で商品に破損があった場合、ユーザーが破損した分の再送を無料で依頼できます。

Section 05 出品作業の流れ

実際に出品してみよう

ここからは、商品出品の手順を解説していきます。商品カテゴリによって記入する項目など違いますが、参考例として保温ボトルの商品で解説していきます。設定や記入する商品情報に間違いがあれば違反になる場合もあるので慎重に設定しましょう。

商品情報が充実しているとユーザーにとって購入の決め手となるので、ここもできるだけ記入するようにしましょう。

▼出品作業が完了した商品ページ

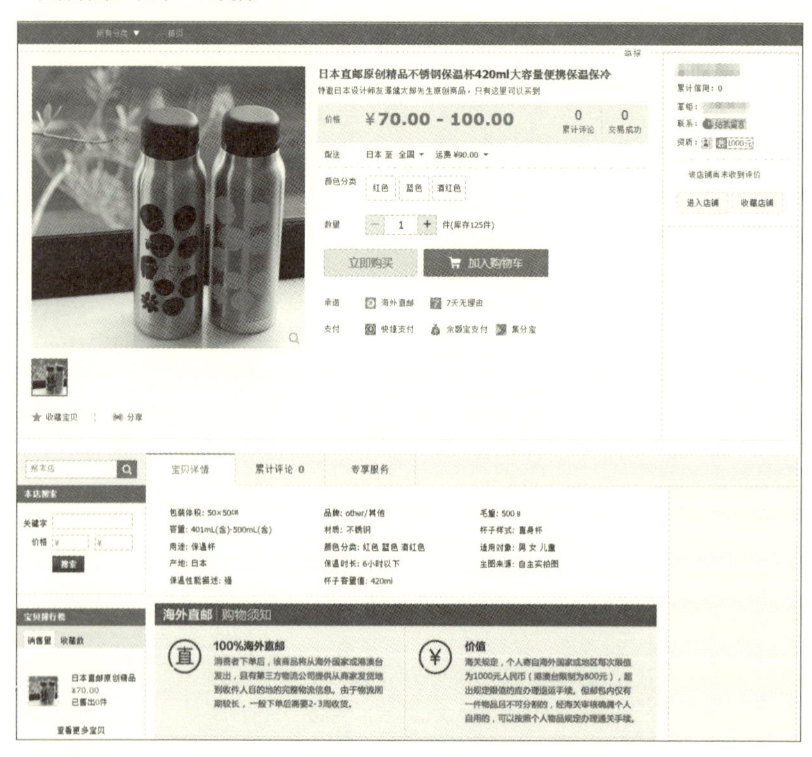

画像や説明文を準備する

実際に出品する前に、出品で使用する商品画像や説明文のテキスト、説明文用の画像などを準備しましょう。画像の容量は3MB以内です。容量を超えるとエラーになるのでリサイズしておきましょう。

パソコン版で使用する画像のサイズは、横幅480～1,242ピクセルの範囲、高さは1,546ピクセル以下です。ファイル形式は、JPG、GIF、PNGの3つのファイル形式が使用可能です。商品画像は一番重要なメイン画像を合わせて5枚まで使えるので、できるだけ多く用意します。商品ページの説明文スペースの画像はもっとたくさん使用できるので、商品の様々な角度の写真を用意しましょう。

ちなみに、モバイル版で使用する画像は750ピクセル以上が効果的です。

カテゴリの選定が重要

商品カテゴリの選定は検索結果の順位を左右する重要な要素ですから、出品する商品にふさわしいカテゴリを選択してください。なお、出品した商品とカテゴリがあまりにもかけ離れていた場合は違反となり、警告やペナルティを受けることがあるので注意しましょう。

発送地や送料設定について

発送地は2つの選択があり、中国国内に在庫を置いて発送する場合と、海外からの発送があります。海外発送を選択しているのに実際は中国国内発送をすると規約違反となり、違約賠償金として100元を請求されます。正しい発送地を選択しましょう。

送料の設定も、タオバオ運営において非常に重要です。後述する中国国内の送料相場と日本からのEMSなどの国際便の送料相場には価格差があるので、別途送料を設定する場合は、実費にするのか、多少は商品代金に含めて店舗で一部負担するのか、それとも送料無料にするのかなど工夫が必要です。中国人ユーザーは単価の安い商品ほど送料に敏感なので、どのように送料設定するかは重要な販売戦略の一部です。

商品を出品する

実際に商品を出品する手順を詳しく解説していきます。商品カテゴリによってはルールに違いがあるので注意しましょう。例えば、アパレルなどは色やサイズなどのSKU（Stock Keeping Unit の略＝在庫管理する最小の分類）を１つの商品ページに複数出品可能ですが、健康食品などは１つの商品ページに１SKUしか出品できないというルールがあります。出品作業は複雑で難しいと最初は感じるかもしれませんが、同じカテゴリの商品なら要領をつかめば簡単なのでしっかりマスターしてください。

1　タオバオIDでログインして「卖家中心（サプライヤーセンター）」をクリックする。

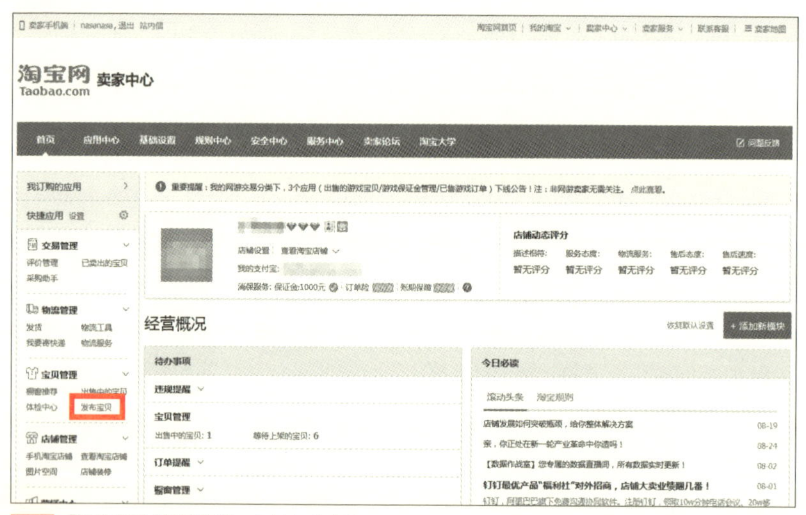

2　「发布宝贝（商品出品）」をクリックする。

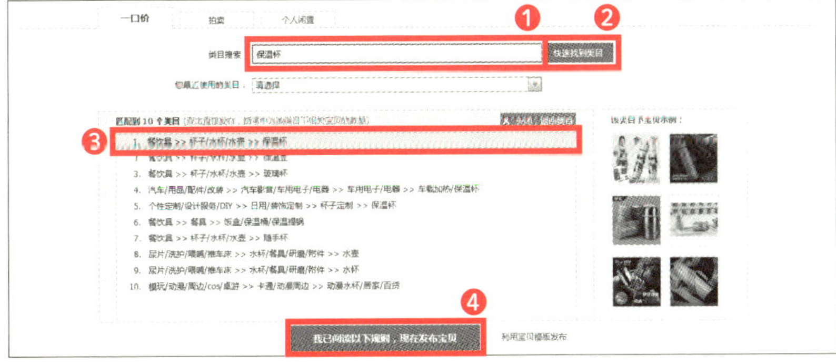

3

❶出品する商品のキーワードを入力する。
❷「快速找到类目(素早くカテゴリを探す)」をクリックする。
❸カテゴリの候補が出てくるので、この中から一番ふさわしいカテゴリをクリックして選択する。
❹「我已阅读以下规则，现在发布宝贝(私は以下の規則を読み、いま商品出品をする)」をクリックする。

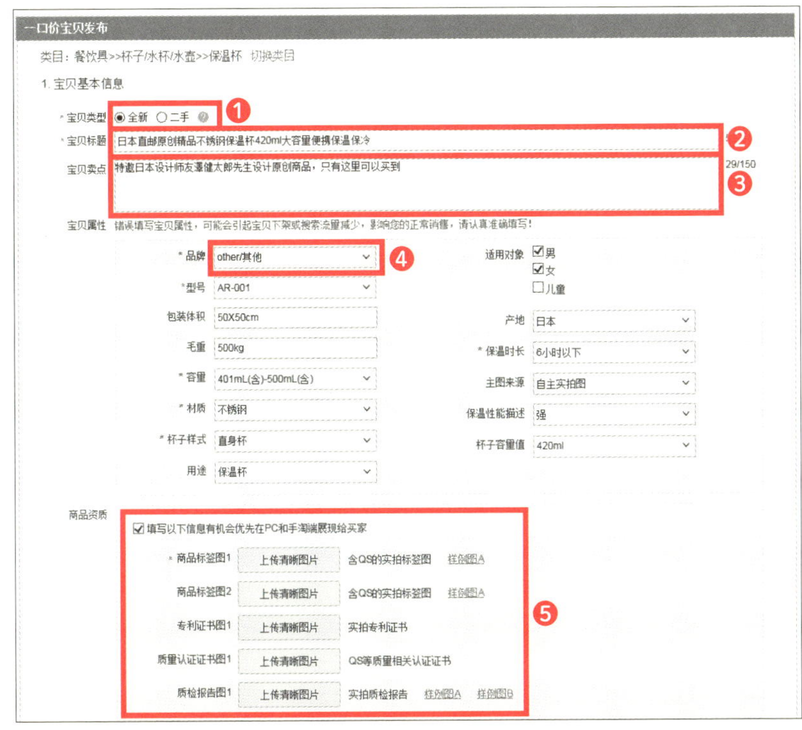

4

❶「全新(新品)」か「二手(中古)」を選択する。　❷商品タイトルを記入する。全角で30文字まで入力可能。　❸商品のセールスポイントを記入する。150文字まで入力可能。　❹ブランドの選定を行う。ノーブランドの場合は検索窓に「other」と記入してから「other/其他」を選ぶ。
❺商品資質(検品合格証や意匠権証明書、輸入許可書など)についてなにか資料があればチェックを入れて、画像などのデータをアップロードする。

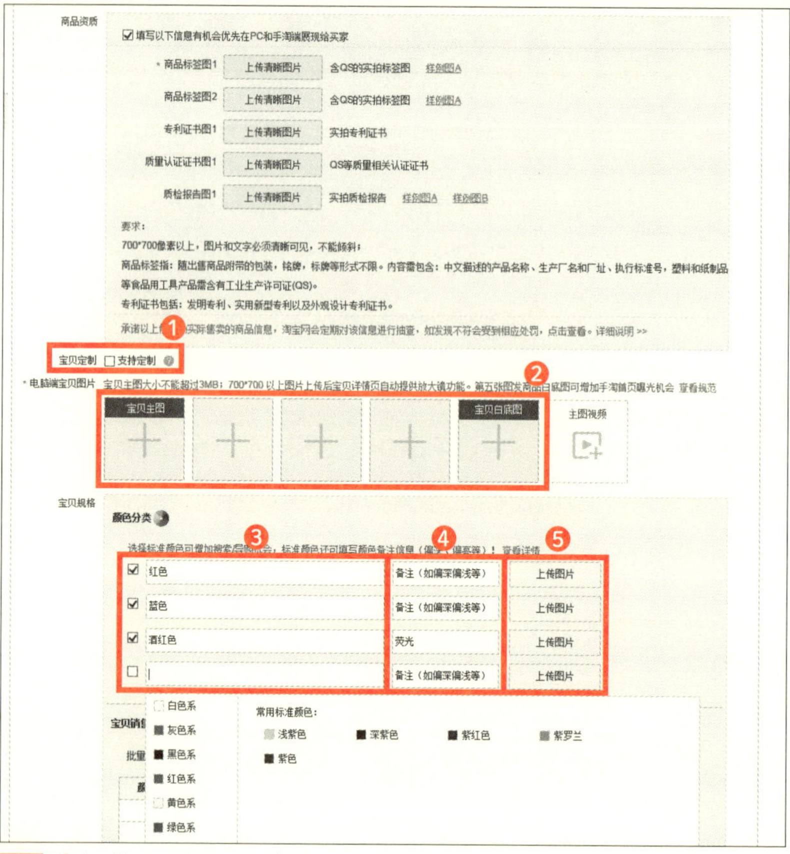

5

❶オーダーメイドのカスタム(商品への名入れなど)ができる場合にはチェックを入れる。できなければチェック不要。

❷商品画像をここからアップロードする。「宝贝主图(商品メイン画像)」はメイン画像で、最大5枚まで掲載可能、容量は3Mまで。サイズは700×700ピクセル以上ならマウスオーバーで画像の拡大表示が可能になる。

❸商品規格を記入する。SKUごとにカラーなどを選択したり、直接記入していく。

❹備考記入欄で商品ページで選択肢にマウスオーバーすると表示される。

❺商品ページで色の選択肢などを画像で伝えたい場合はアップロードする。

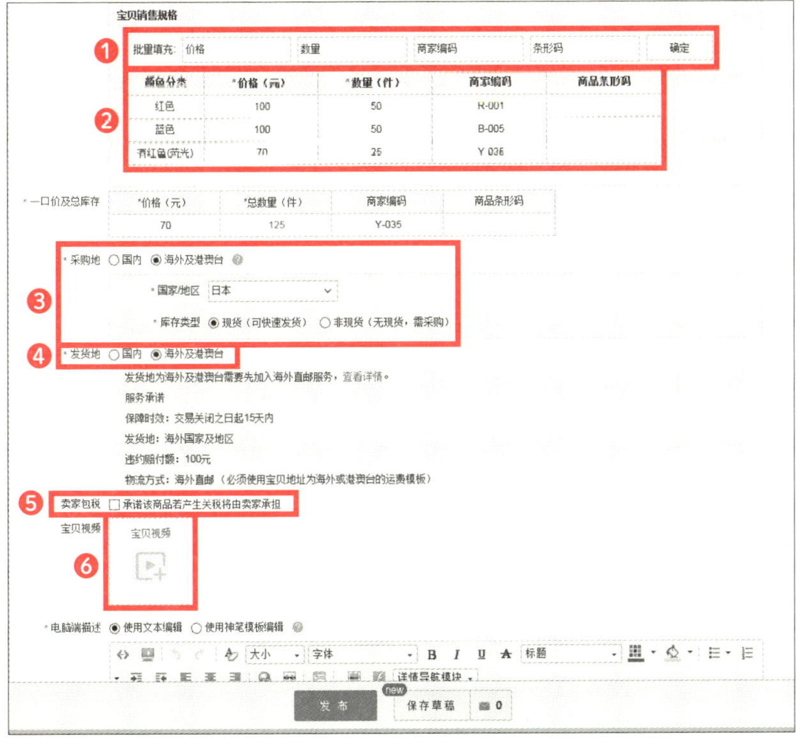

6

❶販売価格、数量、商品番号、バーコード番号などを記入して「确定(確定)」をクリックすると一括で記入される。
❷個別に価格や在庫数を設定することも可能。
❸商品の仕入れ地や在庫の有無を選択して国家/地区は日本なら日本を選択する。
❹中国内からの発送なら「国内」、日本からの発送なら「海外及港澳台(海外及び香港、マカオ、台湾)」を選ぶ。
❺店舗側が関税を負担する場合はチェックを入れる。
❻商品ページへ動画を挿入できる。

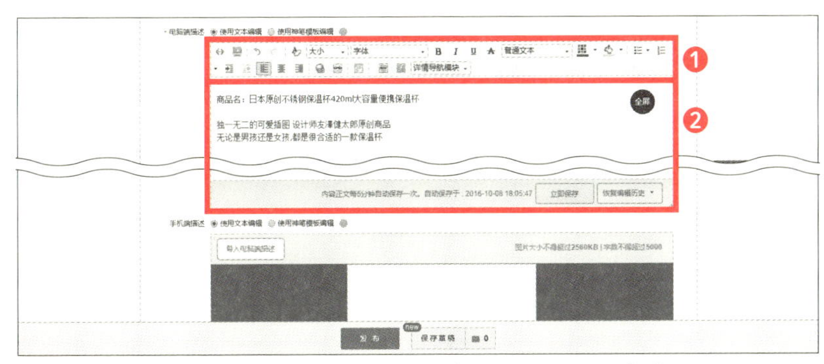

7

❶商品説明文の文字を装飾などする各機能のボタン。詳細は手順8で解説。
❷パソコン版の商品説明文や画像、動画などを記入してアップする場所。

8

商品説明文を作成する場所の各機能の解説。
①HTML表示の切り替え　②プレビューを表示　③取り消し(1つ前の操作に戻る)　④やり直し(1つ前の操作に進む)　⑤書式設定をクリアする　⑥フォントサイズの調整　⑦フォントの種類の変更　⑧文字列の太字切り替え　⑨文字列の斜体切り替え　⑩文字列に下線を引く　⑪取り消し線を引く　⑫文字列のスタイルの選定　⑬文字列の色選定　⑭文字列の背景色選定　⑮箇条書きの段落を作成　⑯番号付きの段落を作成　⑰段落の種類を選択して作成　⑱インデント(段落と余白との間隔を広くする)　⑲インデント(段落と余白との間隔を狭くする)　⑳左揃え　㉑中央揃え　㉒右揃え　㉓リンクの挿入　㉔スタンプの挿入　㉕表の挿入　㉖画像の選定　㉗フラッシュの挿入　㉘商品説明文のテンプレートの選定

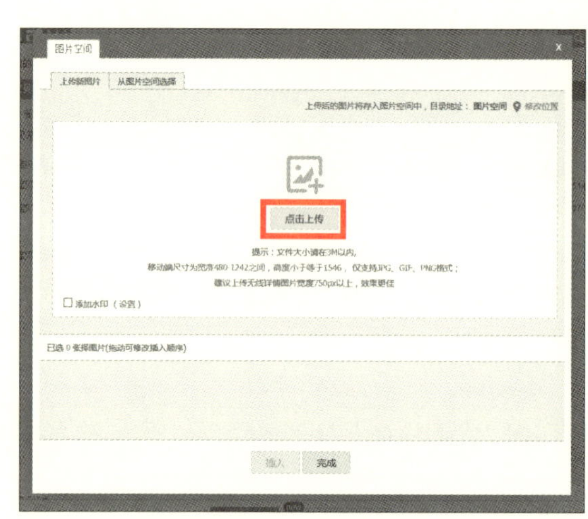

9

手順8の「26の画像の選定」をクリックすると画像挿入をするための画面が表示される。
「点击上传(クリックしてアップロード)」をクリックすると画像を商品ページに挿入したり、タオバオ用の画像保管場所にアップロードできる。
ファイルの大きさは3M以内、モバイルサイズの場合は幅480px～12420pxの間で高さは1546px以下、ファイル形式はJPG、GIF、PNGのみ。幅750px以上のサイズをアップロードする。

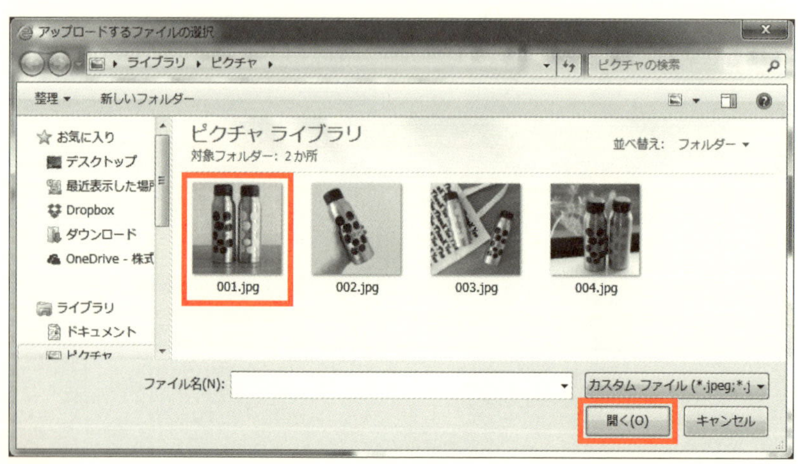

10

パソコンに保存してある画像ファイルを選んで「開く」をクリックする。

11

❶画像が表示された状態で「插入（挿入）」をクリックする。
❷「完成」をクリックすれば、タオバオ用の画像保管場所に保存される。

12 「插入（挿入）」をクリックして画像がはめ込まれた状態。

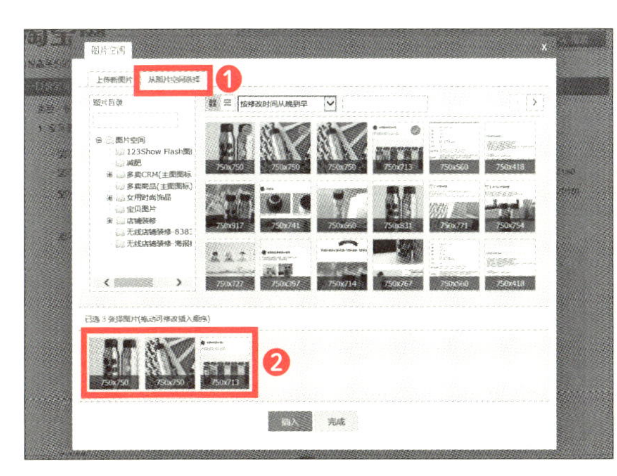

13

❶「完成」をクリックした場合には、「从图片空间选择（画像スペースから選択）」をクリックするとこのように画像が保存されている。
❷画像を選択して表示された状態で「插入（挿入）」をクリックしても画像がはめ込まれる。

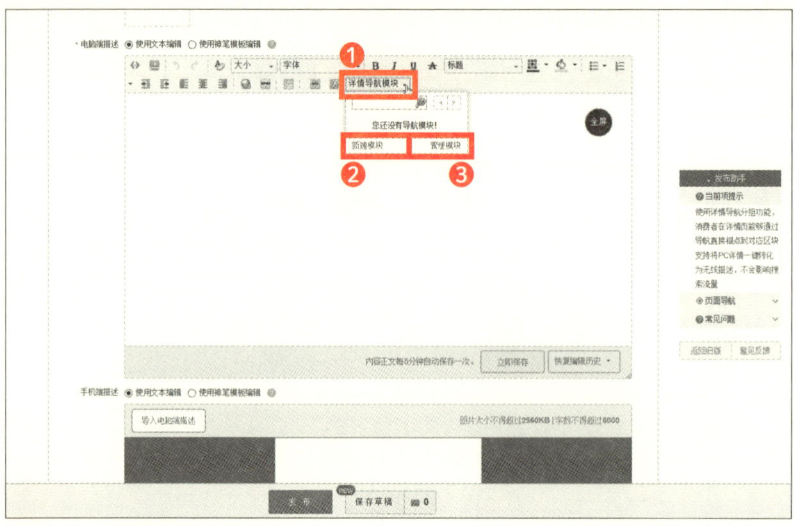

14 ❶「详情导航模块（詳細テンプレートナビゲーション）」をクリックすると、「商品説明文のテンプレート」の選定ができる。
❷「新建模块（新規テンプレート作成）」をクリックすると新規テンプレート作成画面になる。
❸「管理模块（テンプレート管理）」は、作成済みテンプレートの管理画面。

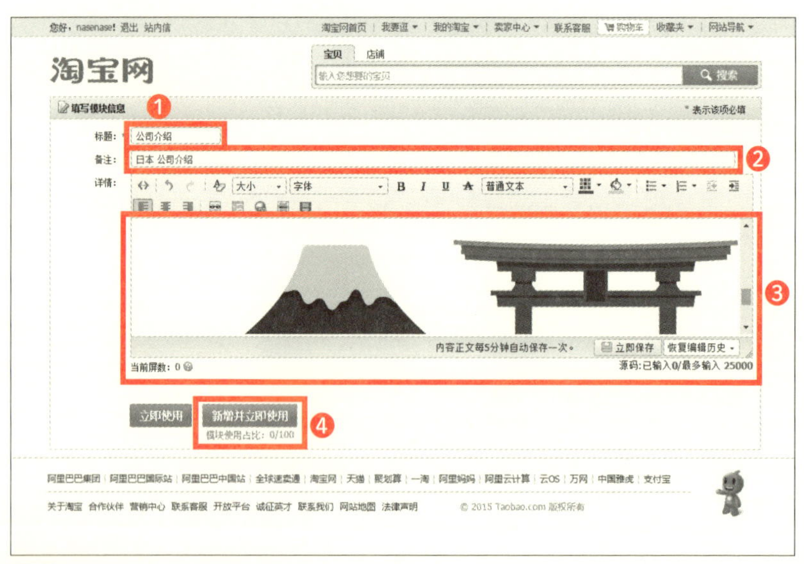

15 新規テンプレート作成画面。
❶分かりやすいテンプレート名を記入する。
❷メモを記入する。
❸このスペースにテンプレート用の画像や文字を入れる。
❹「新増井立即试用（新規追加兼即試用）」をクリックすると保存して使用できる。

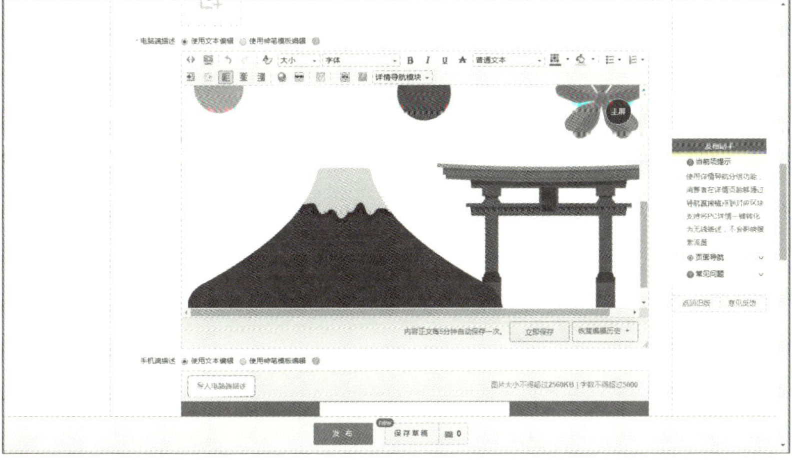

16 先ほど作成して保存したテンプレートがはめ込まれた状態になる。

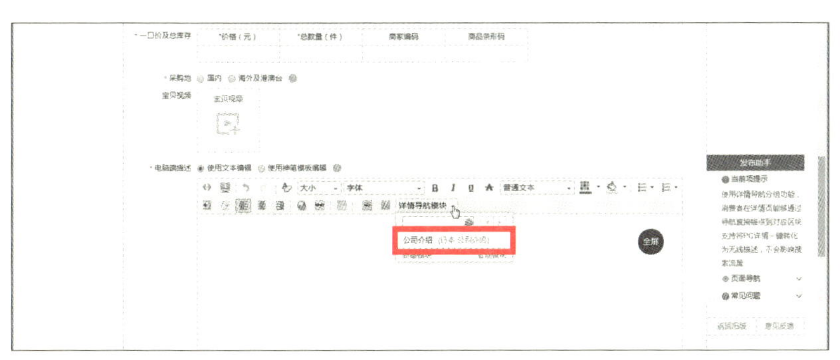

17 作成済みテンプレートが表示されて選択可能になる。

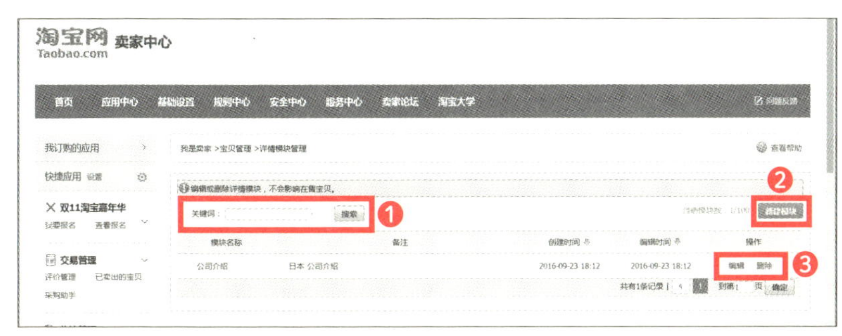

18 作成済みテンプレート管理画面。
❶キーワードを入れてテンプレートの検索ができる。
❷「新建模块(新規テンプレート作成)」をクリックすると、ここからも新規テンプレート作成ができる。
❸テンプレートの編集や削除ができる。

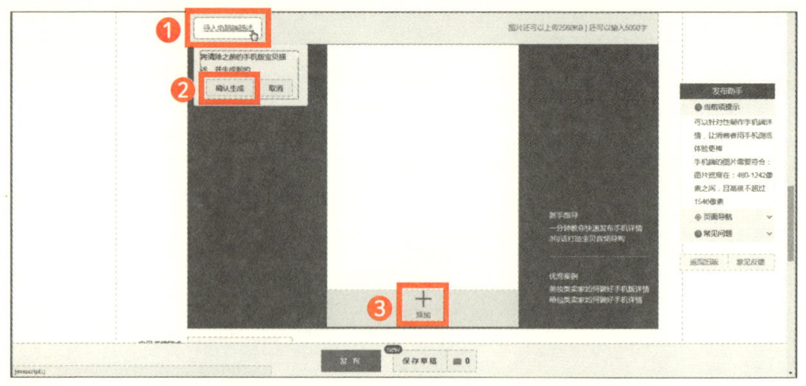

19 モバイル版の商品説明文や画像、動画などを記入してアップする場所。
❶「导入电脑端描述(パソコン版説明導入)」をクリックすると、パソコン版で設定した商品ページ詳細をモバイル版に簡単に導入できる。
❷「确认生成(生成確認)」をクリックすると、はめ込みが完了するので一番簡単な方法。
❸スマホ版をパソコン版と別に作成する場合には、「＋添加(追加)」にマウスオーバーする。

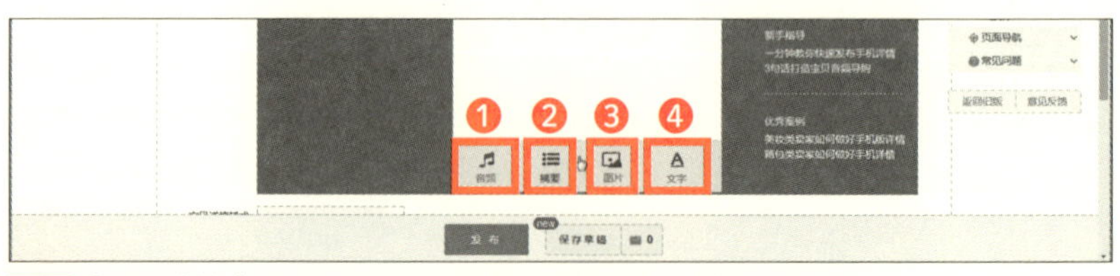

20 「＋添加(追加)」にマウスオーバーすると各種操作ボタンが表示される。
❶音声ファイルをアップロードすることができる。
❷サマリーを挿入できる。1つの商品ページにサマリーは1つだけ可能。
❸画像を挿入できる。挿入方法はパソコン版と同じだが画像サイズの制限などは注意。
❹文字を記入できる。

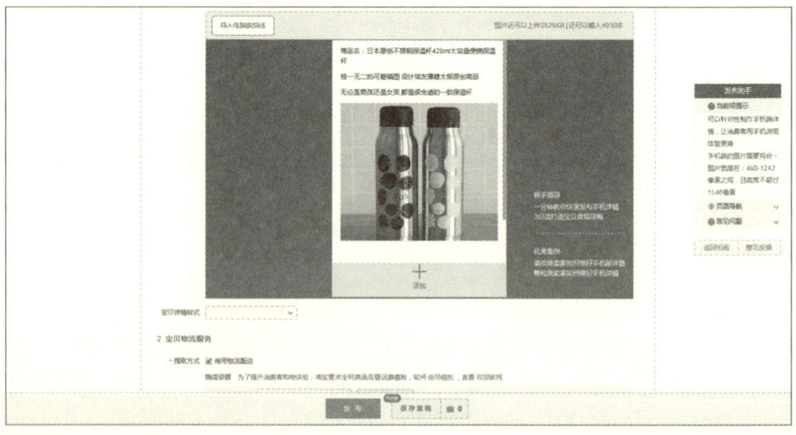

21 「导入电脑端描述(パソコン版説明導入)」をクリックしてモバイル版の商品説明文や画像がはめ込まれた状態。

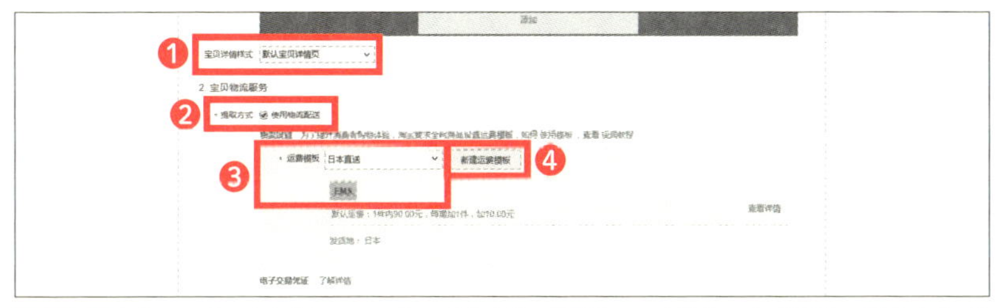

22 ❶商品ページのオリジナルテンプレートを自分で用意している場合には、選択して設定する。用意が無い場合は「宝贝详情样式（タオバオ詳細情報様式）」をクリックするとタオバオのデフォルトとなる。
❷「使用物流配送」にチェックを入れる。
❸「运费模板（送料テンプレート）」からテンプレートを選ぶ。
❹「运费模板（送料テンプレート）」の作成前の場合は「新建运费模板（送料テンプレート新規作成）」をクリックして送料テンプレートを新規に作成する。

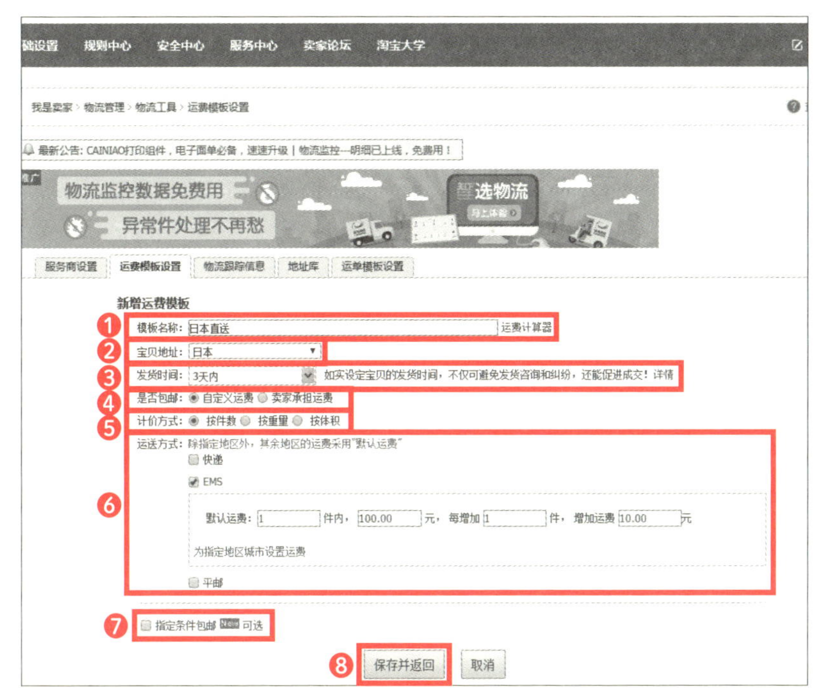

23 ❶送料テンプレートの名称を記入する。
❷発送国を選択する。
❸発送までの期限を記入する。
❹送料込か送料別かの選択をする。
❺送料の計算方式を「按件数（個数）」、「按重量（重量）」、「按体积（体積）」から選ぶ。
❻運送方式を選択する。日本直送の場合はEMSを選ぶ。送料金額や1個増加するごとの増加分送料金額を記入する。
❼チェックを入れると指定条件の場合に送料無料を選べるようになる。
❽最後に「保存并返回（保存兼戻る）」をクリックして物流の設定を登録しておく。

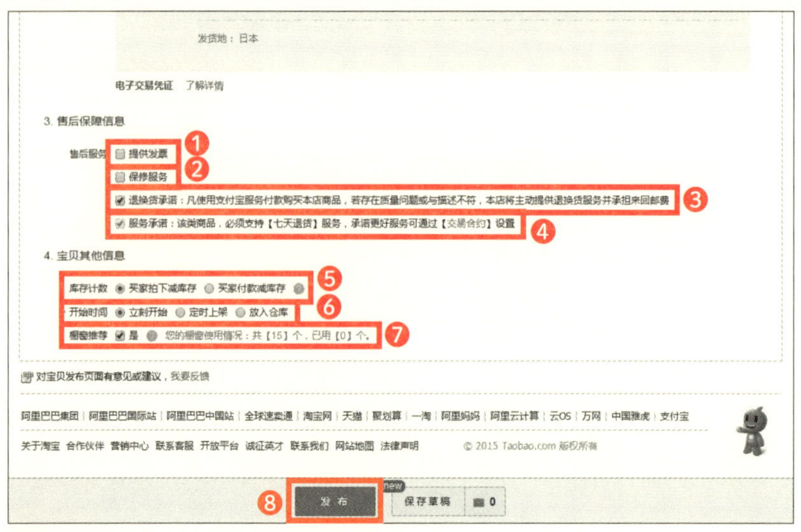

24

❶发票(中国の正式領収書)の提供。
❷修理サービス。
❸返品・交換の承諾(アリペイ支払いしたすべての商品は、不良品や購入した商品と商品ページの不一致があれば往復送料は店舗負担)。
❹サービス承諾(理由がなくてもユーザー都合で商品到着から7日間は返品対応、ユーザーが送料負担)
❺在庫カウントを選択してチェックを入れる。(注文時にすぐ在庫表示を減らすか、決済終了後に在庫の表示を減らすかの選択)
❻商品販売時間を選択してチェックを入れる。(すぐ販売開始、販売時間指定、倉庫に入れる)
❼「橱窗推荐(ショーケースおすすめ)」に表示する場合はチェックを入れる。
❽「发布(出品)」をクリックする。

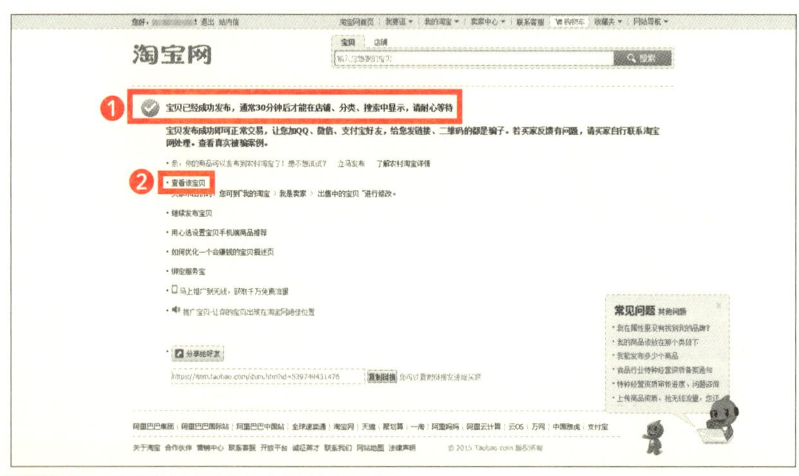

25

❶この画面が表示されたら商品出品は成功。
❷出品した商品を見る場合は「查看该宝贝(該当の商品を見る)」をクリックする。

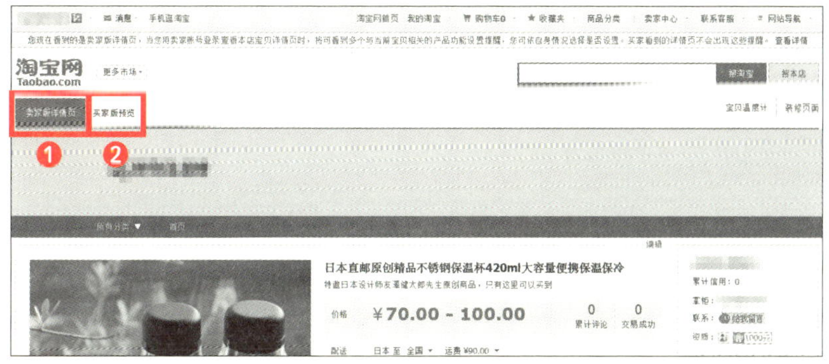

26 ❶「卖家版详情页（サプライヤー版詳細ページ）」で店舗側から見た商品ページが表示される。❷ユーザー側から見る商品ページを確認するには「买家版预览（ユーザー版プレビュー）」をクリックする。

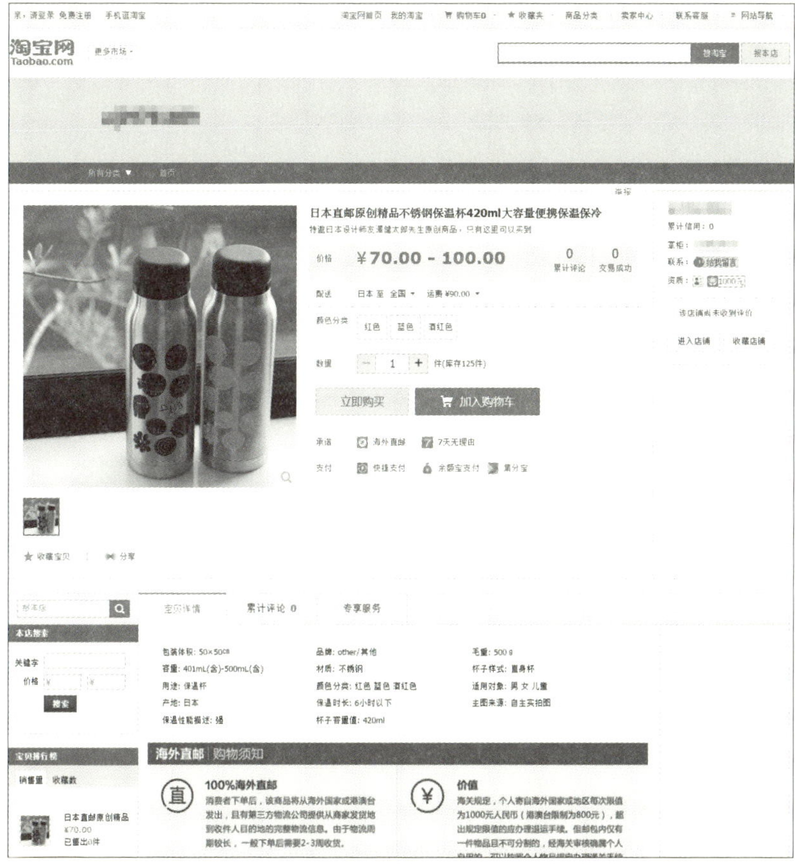

27 ユーザー側から見る商品ページが完成した状態。

Section 06 出品ツール「淘宝助理(タオバオアシスタント)」の使い方

淘宝助理(タオバオアシスタント)とは？

淘宝助理（タオバオアシスタント）とは、タオバオが無料提供しているツールで、出品や一括編集、受注処理、納品書の印刷などができます。日本人が出店する場合、円と人民元の為替変動による販売価格の変更設定をすることが多いと思いますが、一括で販売価格の変更をする方法など詳しく解説しますので活用してください。

伝票を印刷する機能は、日本直送の場合はあまり使う機会がないかもしれませんが、納品書の発行などで非常に便利です。

▼淘宝助理（https://zhuli.taobao.com/）

淘宝助理（タオバオアシスタント）の導入方法

淘宝助理をインストールするには、淘宝助理（https://zhuli.taobao.com/）のトップページに直接アクセスしてツールをインストールすることも可能ですが、タオバオのトップページからの方法もあるので、手順を解説していきます。

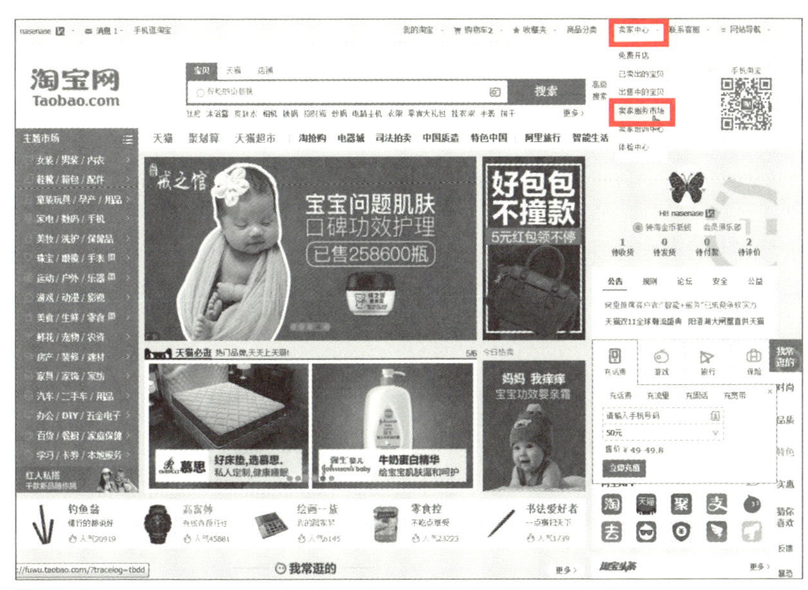

1 ❶タオバオIDでログインした状態で「卖家中心（サプライヤーセンター）」にマウスオーバーする。❷「卖家服务市场（サプライヤーサービスマーケット）」をクリックする。

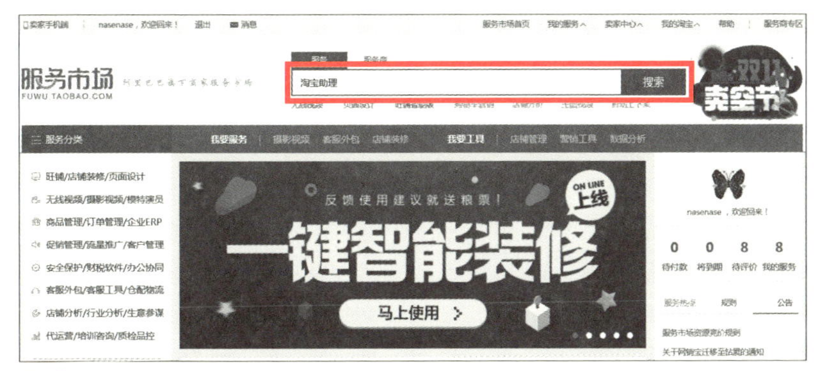

2 「卖家服务市场」のページ（https://fuwu.taobao.com/）が表示される。このページではタオバオのツールやサービスを提供している。検索窓に「淘宝助理」と入力して検索する。

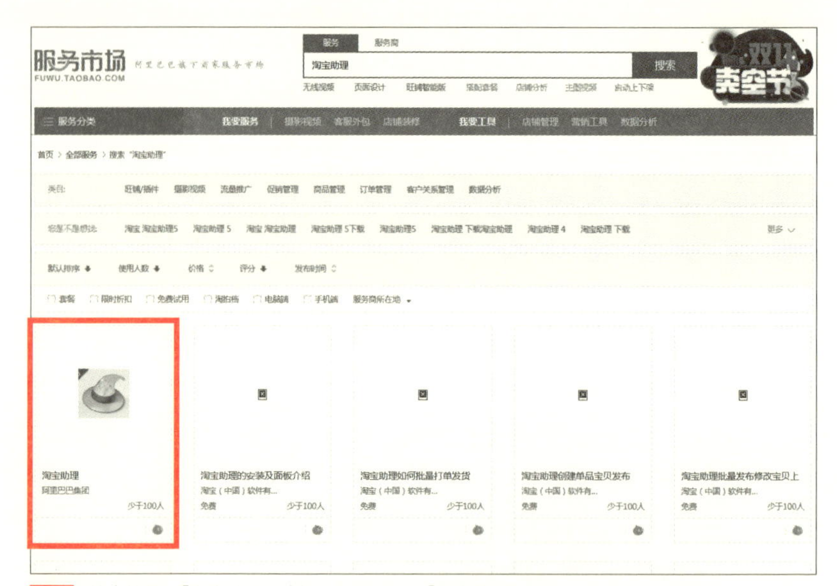

3 検索結果に「淘宝助理」が表示されるので、「淘宝助理」のアイコンをクリックする。

4 淘宝助理（https://zhuli.taobao.com/ ）のトップページに移動するので「淘宝版下载」をクリックしてツールをダウンロードする。

5 ダウンロードしたファイルに名前を付けて保存した後、保存したファイルをクリックして起動する。

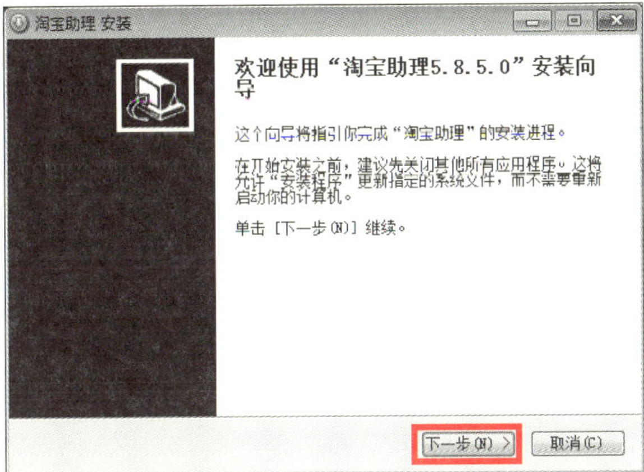

6

「下一步(次へ)」をクリックする。

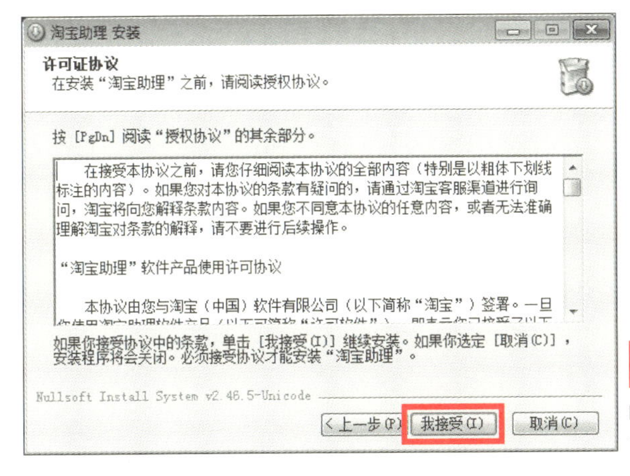

7

「我接受(同意する)」をクリックする。

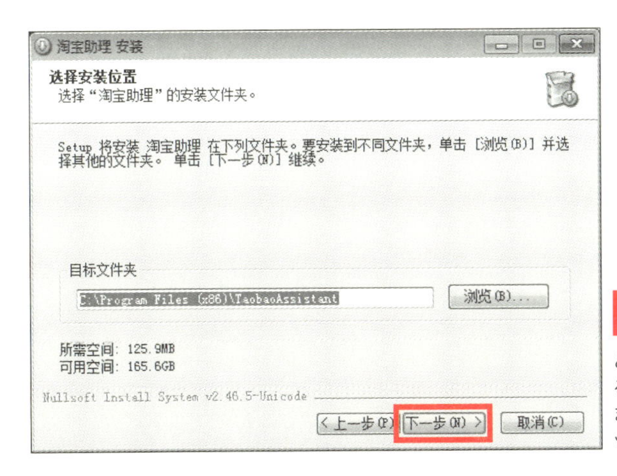

8

どこにプログラムを保存するか選択も可能だが、このまま「下一步(次へ)」をクリックする。

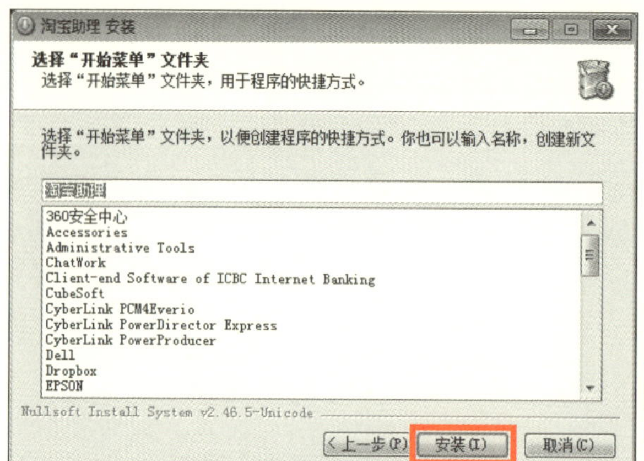

9

「安装(インストール)」をクリックする。

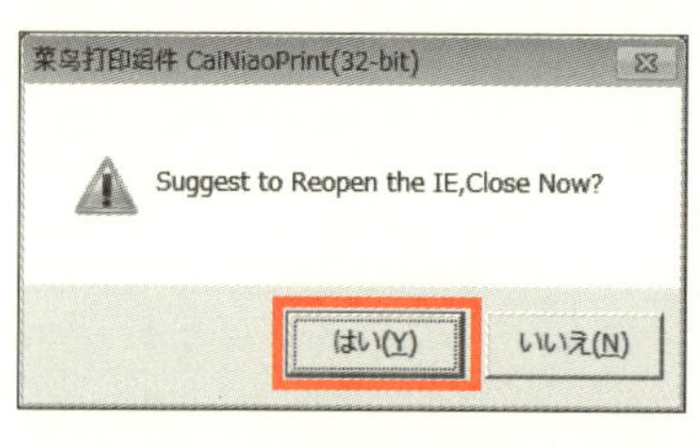

10

伝票の印刷ツールのことを聞かれるので「はい」をクリックする。

11

伝票の印刷ツールの画面は×で閉じる。

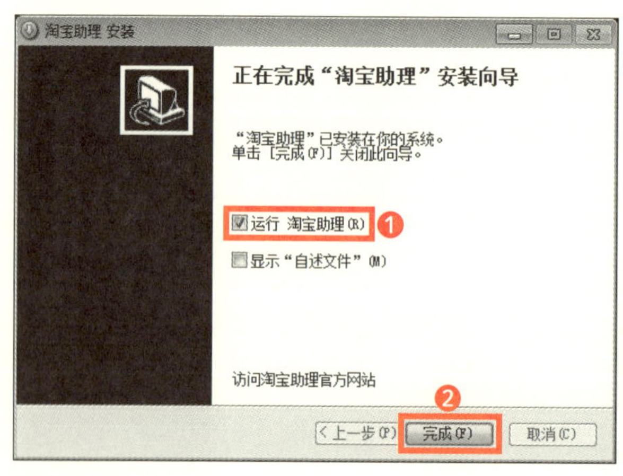

12

❶淘宝助理を起動するという意味なのでチェックを入れたままにする。
❷「完成」をクリックする。

13

この画面が表示されたらインストールは完了。タオバオIDとパスワードを入れてログインすれば使用可能。左のチェックボックスは「パスワードを記録」、右は「自動ログイン」なので、必要に応じてチェックを入れておく。

淘宝助理(タオバオアシスタント)の使い方

淘宝助理の画面からは、商品管理ページや取引管理ページへとアクセスできますが、これ以外に、商品ページで使用する画像の管理やツールの管理を行うアプリセンターの画面にもアクセスできます。

▼淘宝助理の管理ページ

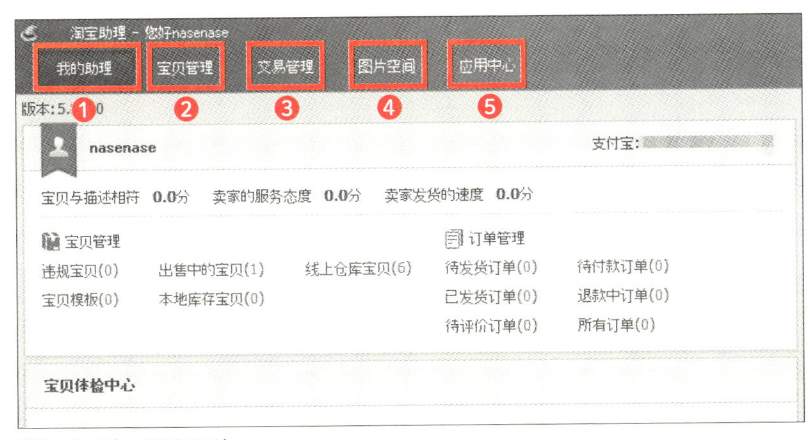

❶我的助理(マイ淘宝助理)
❷宝贝管理(商品管理)へ切り替え
❸交易管理(取引管理)へ切り替え
❹图片空间(画像保存場所)へ切り替え
❺应用中心(アプリセンター)へ切り替え

販売価格を一括で変更する（同一価格方式）

為替レートの変動などによる販売価格の変更はよくあるので、このツールでの一括修正方法を解説します。

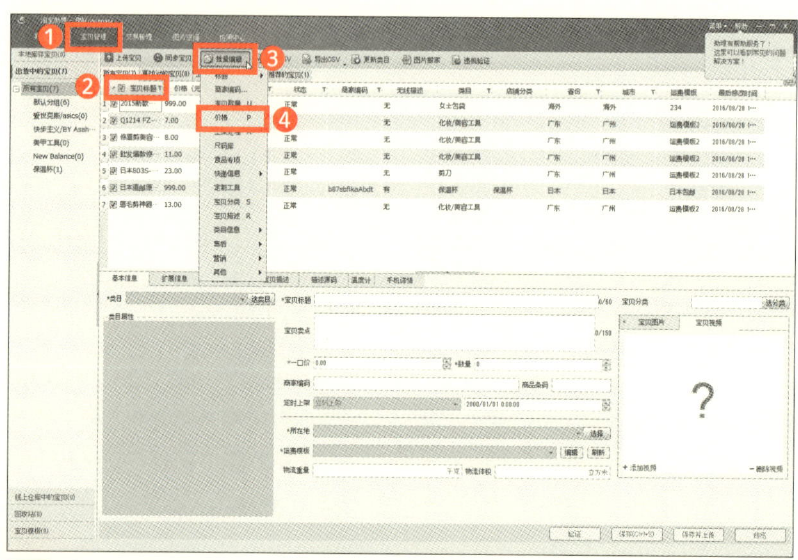

1

❶淘宝助理の管理ページで、「宝贝管理（商品管理）」をクリックする。
❷チェックを入れてすべての商品にチェックを入れる。
❸「批量编辑（一括編集）」をクリックする。
❹「价格（価格）」をクリックする。

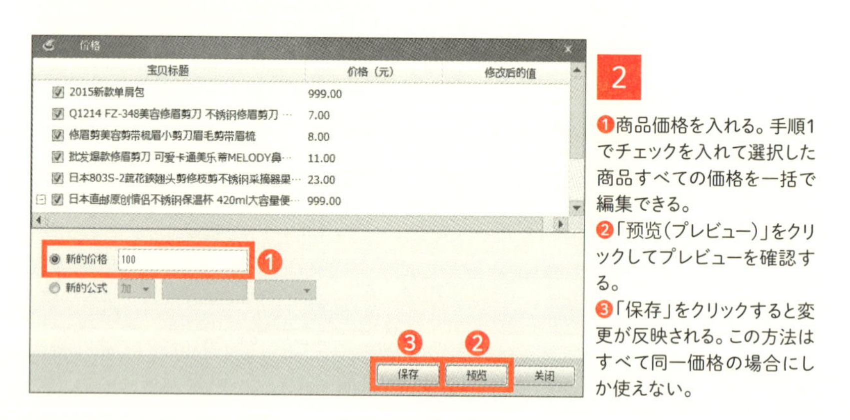

2

❶商品価格を入れる。手順1でチェックを入れて選択した商品すべての価格を一括で編集できる。
❷「预览（プレビュー）」をクリックしてプレビューを確認する。
❸「保存」をクリックすると変更が反映される。この方法はすべて同一価格の場合にしか使えない。

販売価格を一括で変更する（加減乗除方式）

前ページでは、チェックを入れた商品の販売価格をすべて同じ価格に一括で変更する方法を解説しましたが、もう1つ、加減乗除を設定して一括して価格を変更する方法を解説します。

大量の商品価格を一括で変更できるので、為替変動があった場合など非常に便利ですが、間違った価格で販売をしてしまうと大変ことになるので慎重に作業を進めてください。

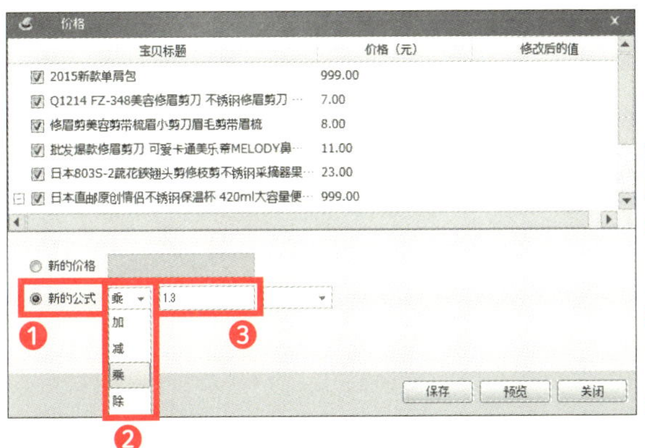

1

❶商品販売価格の変更の画面で、「新的公式（新しい公式）」にチェックを入れる。
❷現在の販売価格に対してどの計算を行うか、加減乗除の中から選択する。
❸数字を入力する。

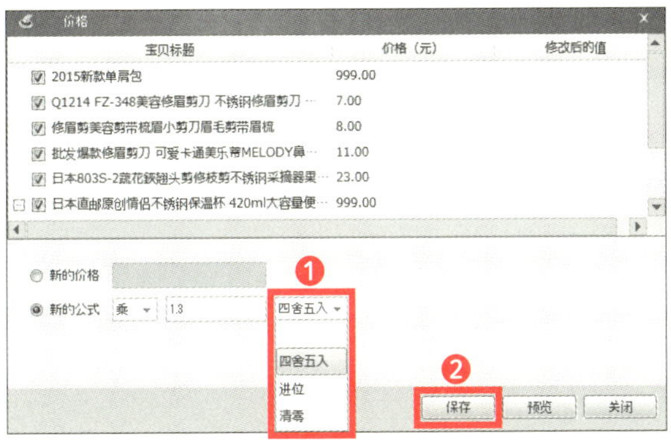

2

❶四捨五入、进位（繰り上げ）、清零（小数点以下切捨）のいずれかを選択する。
❷「预览（プレビュー）」をクリックして確認する。間違いがなければ、「保存」をクリックすると変更が反映される。

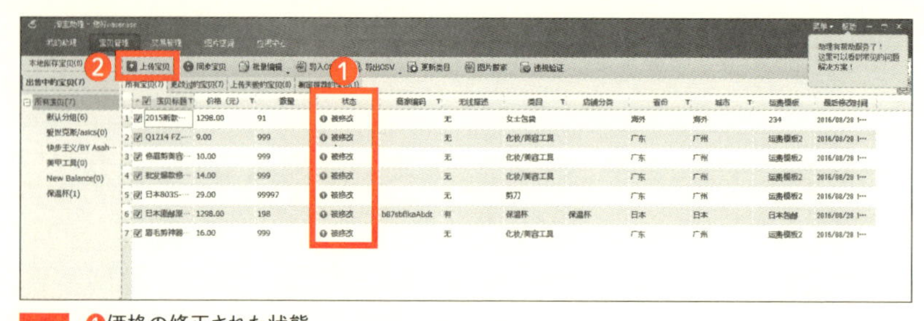

3 ❶価格の修正された状態。
❷「上传宝贝（商品アップロード）」をクリックする。

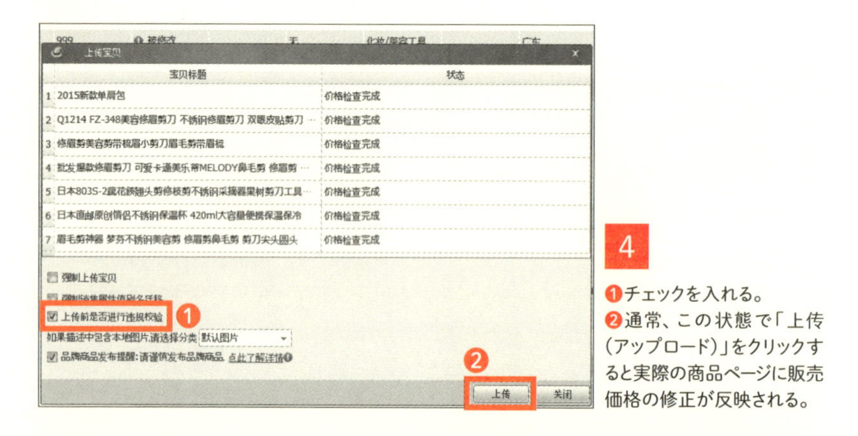

4 ❶チェックを入れる。
❷通常、この状態で「上传（アップロード）」をクリックすると実際の商品ページに販売価格の修正が反映される。

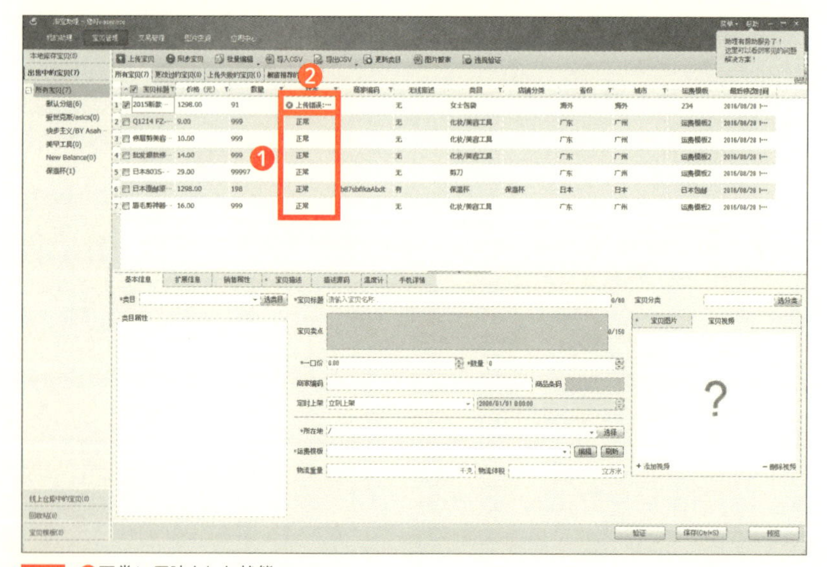

5 ❶正常に反映された状態。
❷このエラーが出たら個別に修正をする。

Chapter 05

実践！
タオバオ運営方法

Chapter 05

Section 01

千牛(店舗用チャットツール)の使い方

チャット問い合わせから始まる店舗運営

中国人ユーザーは基本的にチャットで問い合わせを行います。商品や店舗への疑問や不安を解決してから購入するのです。そのため、小売りであるタオバオ運営では朝から深夜までチャット対応するのがセオリーです。「千牛」というチャットツールの導入方法から基礎的な使用方法を紹介していきます。タオバオ店舗運営での必須ツールなので事前にインストールして操作方法などマスターしておいて、ユーザーからの問い合わせがあった時に困らないようにしておきましょう。

▼千牛（https://qianniu.1688.com/）

千牛(店舗用チャットツール)の導入方法

中国で№1の検索エンジンである百度（バイドゥ）で「千牛」と検索し、タオバオの「千牛」をダウンロードするページからインストールしていきます。

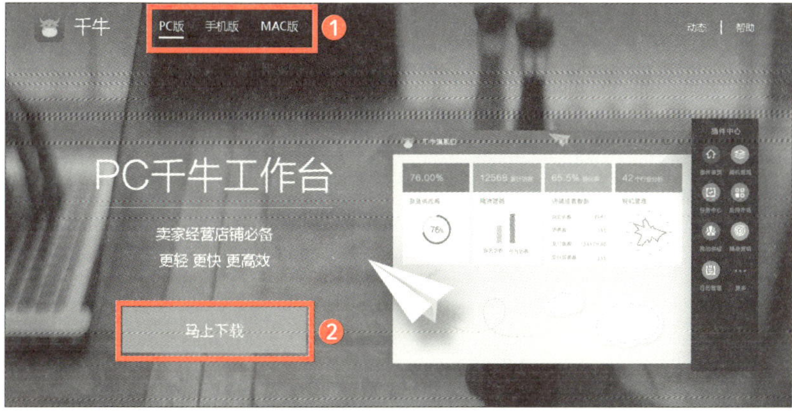

1

❶「千牛」のダウンロードページ（https://qianniu.1688.com/page/PC/）にアクセスし、Windowsなら「PC版」、Macなら「Mac版」をクリックして選択する。
❷「马上下载（すぐにダウンロード）」をクリックするとダウンロードがスタートする。完了後はアイコンをクリックして起動する。

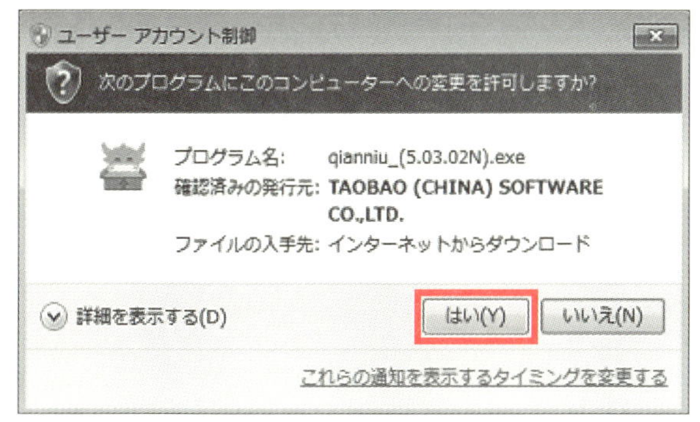

2

「次のプログラムにこのコンピューターへの変更を許可しますか?」と表示されたら「はい」をクリックするとインストールが始まる。

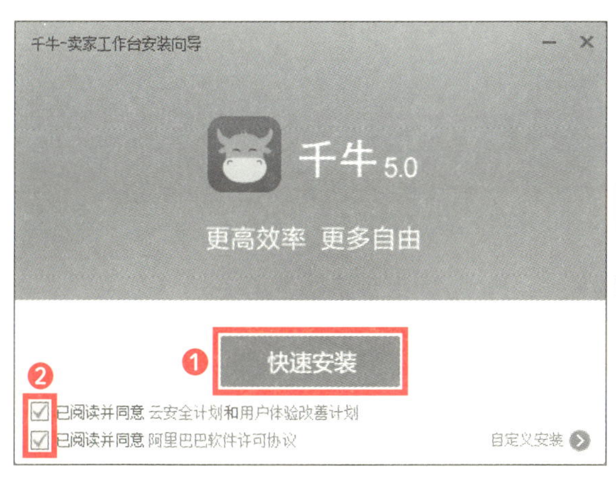

3

❶❷のチェックを入れたまま「快速安装（快速インストール）」をクリックするとパソコンへのインストールが開始される。
❷2カ所のチェック項目は、アリババのツール使用許可契約やユーザー体験改善計画に同意するの意味。

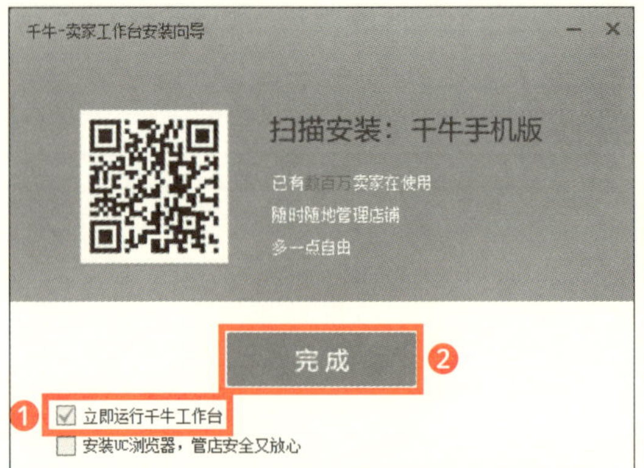

4

❶「立即运行千牛工作台(すぐに千牛を起動する)」のチェックは入れたままにする。
❷「安装UC浏览器,管店安全有放心(UCブラウザのインストール)」のチェックを外してから「完成」をクリックする。

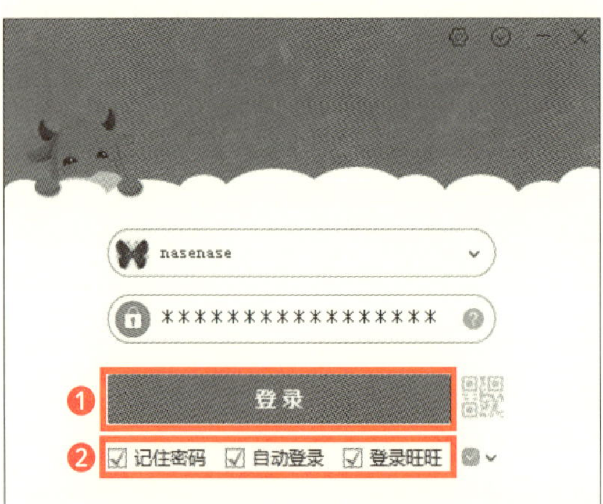

5

千牛のパソコン版のインストールが完了した状態。
❶タオバオIDとパスワードを入力して「登录(ログイン)」をクリックしてログインする。
❷左からパスワードを記録、自動ログイン、旺旺にログインの意味で、すべてチェックを入れる。

6

枠内に右横の認証用の文字を入力して「确定(確定)」をクリックする。

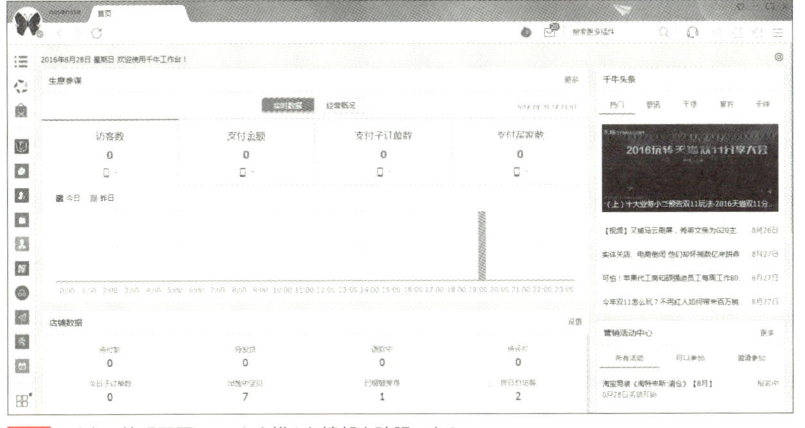

7 千牛の管理画面。ここから様々な情報を確認できる。

千牛（店舗用チャットツール）の導入方法　モバイル版

千牛はスマートフォン用のアプリもあるので、可能であればスマホに入れておきましょう。同じタオバオIDで同時にログインできますし、チャットのやり取りもパソコン版とモバイル版が同期されるので便利です。パソコン2台とスマホ1台は同期しますが、3台以上のパソコンには同期はできないので注意が必要です。

千牛 - 卖家移动工作平台(Android用)

提供元:无线淘宝
Android要件:4.0以上
価格:無料

千牛(iOS用)

開発:Tmall.com
互換性:iOS 7.0以降
価格:無料

千牛の基本的な操作の説明

ここでは「千牛」の基本的な操作方法や機能について解説していきます。

▼千牛の基本操作

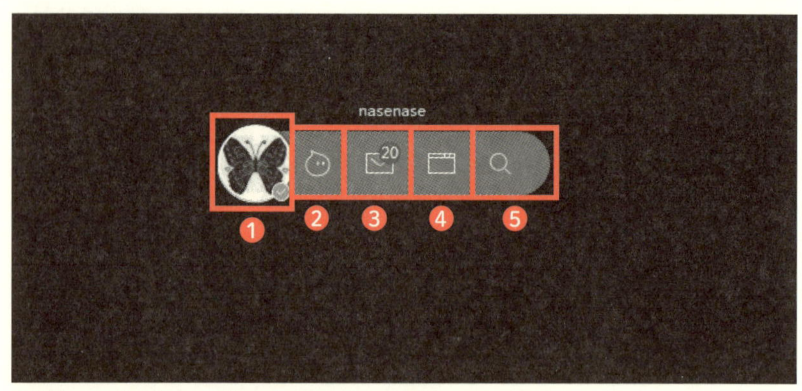

❶店舗ロゴなど画像をアップして表示させることが可能。
❷接待中心(接待センター)をクリックするとチャット対応の基本画面が表示される。
❸タオバオからのメッセージの通知が数字で表示される。
❹クリックすると工作台(店舗管理ページ)が表示される。
❺ツールをここから検索できる。

▼工作台（店舗管理ページ）の機能

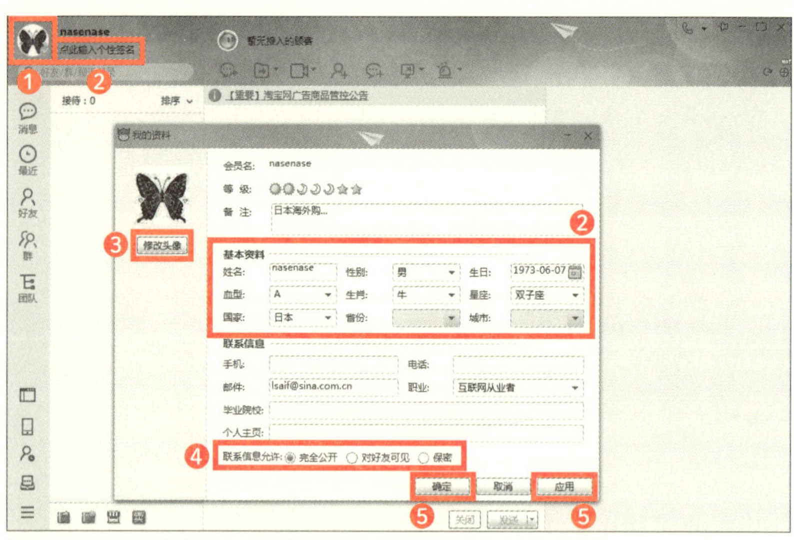

❶店舗ロゴマークをクリックすると情報を編集できる。
❷「点此输入个性签名」をクリックすると「我的资料」が開いて氏名や性別などの情報が記入でき、店舗の電話番号やメールアドレスなど連絡先も記入できる。
❸「修改头像」をクリックすると店舗ロゴマークの画像の変更ができる。
❹店舗の公開状況について「完全公开(完全公開)」「对好友可见(友達のみ公開)」「保密(非公開)」からチェックで選ぶことができる。
❺「应用(適用)」をクリックしてから「确定(確定)」で保存する。

千牛(店舗用チャットツール)の使い方

ここからは実際の千牛（店舗用チャットツール）を使ったタオバオ運営の解説をします。営業中は常時ログインしておき、ユーザーからの問い合わせやタオバオからの通知など見逃さないようにしましょう。

▼チャットの連絡はアラームで知る

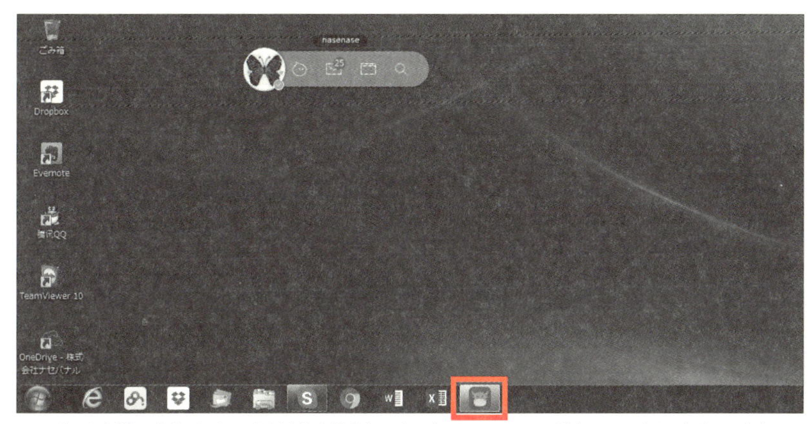

ユーザーから問い合わせチャットがきたら「千牛のタスクバーアイコン」が光るのでクリックする。なお、チャット着信時にはアラームも鳴るのでパソコンにスピーカーなどをつないでおくとわかりやすい。

▼未読の件数は数字で確認できる

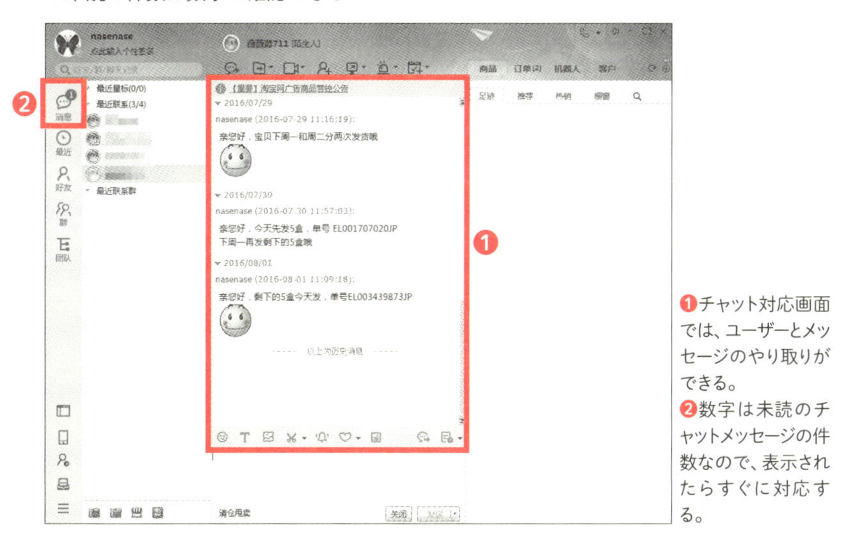

❶チャット対応画面では、ユーザーとメッセージのやり取りができる。
❷数字は未読のチャットメッセージの件数なので、表示されたらすぐに対応する。

▼ユーザーとのチャット対応中の画面

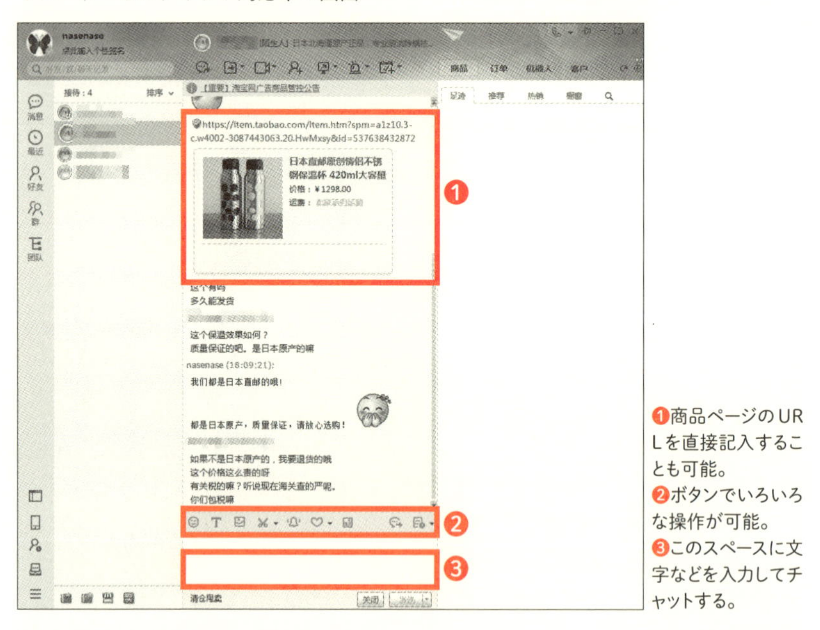

❶商品ページのURLを直接記入することも可能。
❷ボタンでいろいろな操作が可能。
❸このスペースに文字などを入力してチャットする。

▼スタンプも使用可能

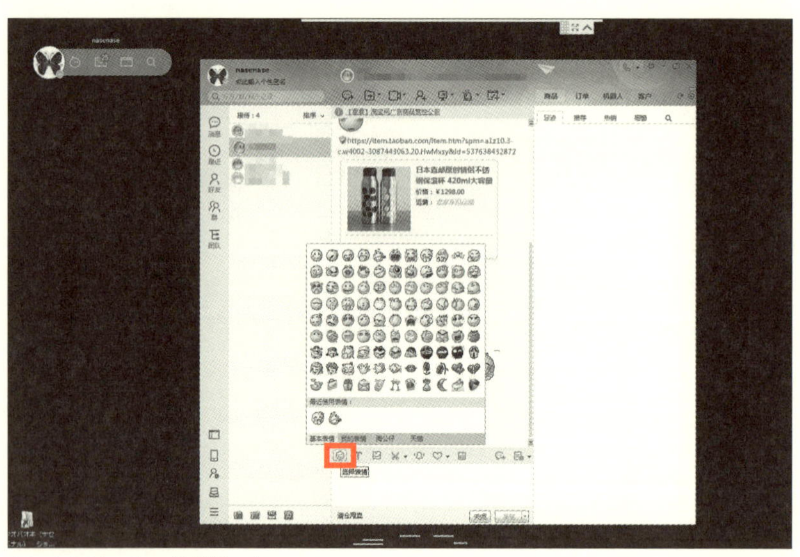

クリックするとスタンプを送信できる。

便利な自動返答設定方法

店舗側が注意するべきポイントは、まずはチャットの返信速度です。タオバオは、質問への回答速度を測定し、商品ページの検索結果に反映させているといわれています。キーワードによる検索結果の表示順位は店舗の命運を分けるほど重要な要素なので、チャットへの対応速度に気を使う必要があるのです。そこで、チャットの自動返答を忘れず設定しましょう。あらかじめユーザーに伝えておきたい注意事項の定型文などを自動返答することができるのでとても便利です。

1 ❶画面左下のアイコンをクリックする。
❷「系统设置(システムを設置する)」をクリックする。

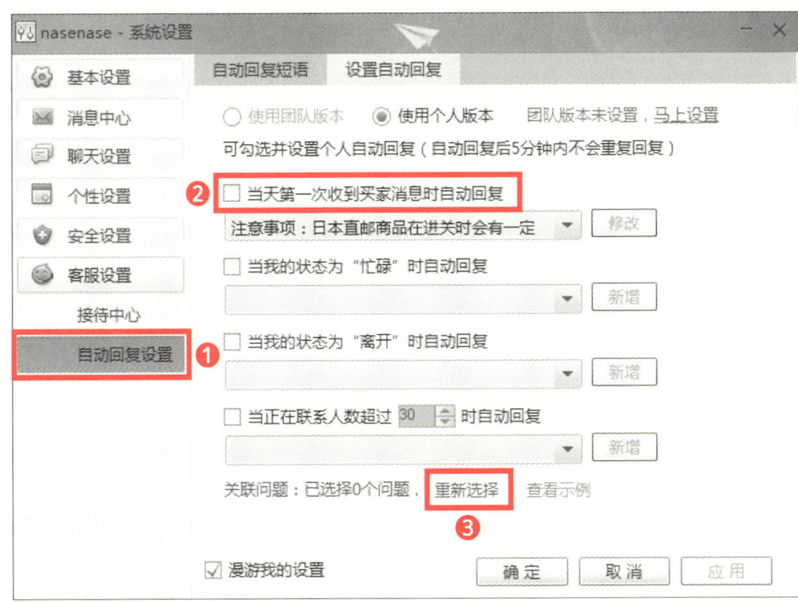

2 ❶「自动回复设置(自動返答を設置する)」をクリックする。
❷チェックを入れる。
❸「重新选择(改めて選ぶ)」をクリックする。

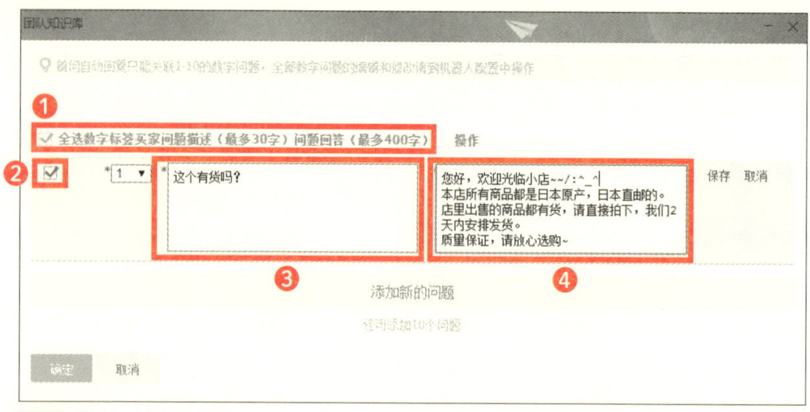

3

❶チェックを入れる。
❷チェックを入れる。
❸ユーザーからの想定質問に関するキーワードを入れる。
❹回答用の定型文を記入する。

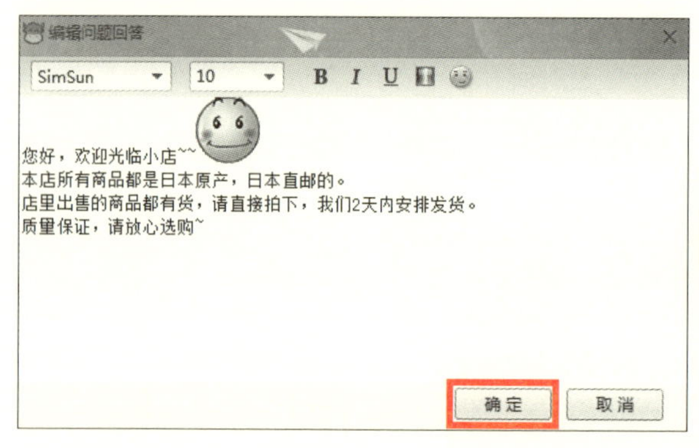

4

プレビューが表示されるので誤字などなければ「确定(確定)」をクリックする。先ほどの画面に戻るので「保存」をクリックする。

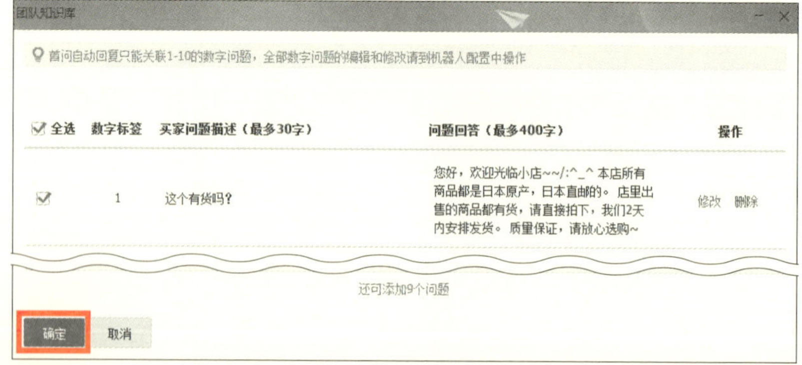

5

問題なければ「确定(確定)」をクリックして保存する。

タオバオからのお知らせに対応する

タオバオからの告知は「消息中心（メッセージセンター）」に表示があるので必ずチェックしてください。知らないうちに違反していて警告がきている場合もありますし、タオバオの規約変更などもここから通知されます。

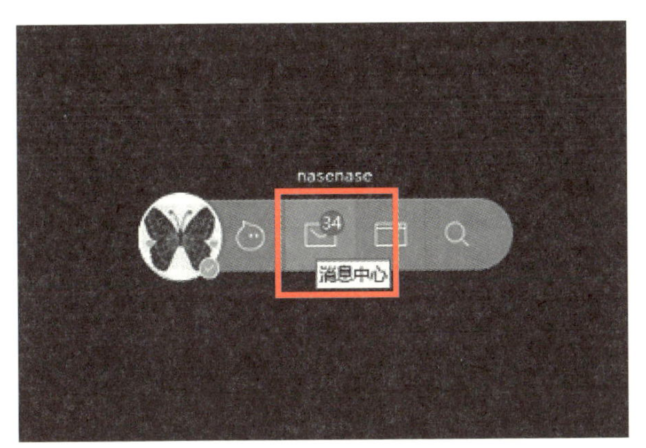

1 タオバオからの連絡があれば数字が表示されるので、「消息中心（メッセージセンター）」をクリックする。

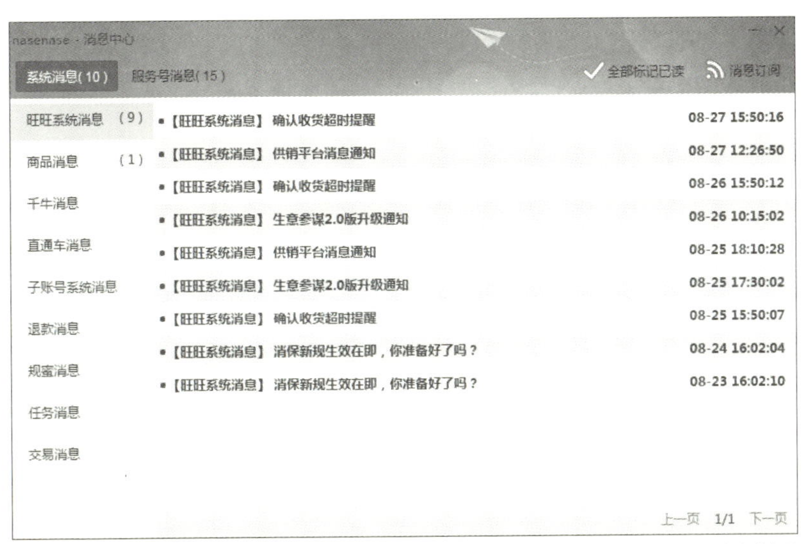

2 タオバオからの通知や警告メッセージなどが表示される。それ以外にも、商品、取引、広告（直通車）、返金、規約などに関する重要なメッセージが通知されるので毎日チェックする。

Chapter 05

Section 02

値引きを想定したチャット接客術

値引き交渉が当たり前

中国人が何かを購入する際には、値引き交渉するのが普通です。ネットショップでも当たり前のように値引きを交渉してくるので、それに対応するかどうかを事前にしっかり考えておきましょう。

値引き対応できない場合は、理由をしっかり伝えて適正な価格であることを納得してもらう必要があります。不当にぼったくられているとユーザーが感じてしまえば、注文が入ることはありません。

販売価格が適正な利益水準であること、つまり利幅が小さく値引きができない理由を伝えます。例としては、商品が高品質で仕入値が安くないことや為替レートの影響など、ユーザーが納得しやすい理由をしっかり考えておきましょう。

販売価格を設定する時に、どの程度なら値引きするのか、まとめ買いをしてくれたらいくら値引きするのかなどを決めておくと、チャットでの交渉時にスムーズに対応できます。仕入商品の場合は仕入原価を商品管理番号などからすぐに確認できるようにエクセルなどで整理しておいたり、商品管理番号に暗号のように仕込んでおいてすぐに参照できるようにしておけば、チャット対応がスムーズにできて便利です。

中国人ユーザーのよくある質問

タオバオで店舗運営をしていると中国人ユーザーからよくされる質問を紹介します。日本では質問への回答はメール対応が当たり前なので運営当初は戸惑うかもしれませんが、ある程度パターンがあるので、どのように回答してユーザーに納得してもらうかを事前に考えておきましょう。

「よくあるチャットでの質問」の表に回答例をあげておきました。自分の店舗に合うようにアレンジして参考に使ってみてください。

よくあるチャット質問の①を見て、そんな質問がくるのかと驚かれた方が多いのではないでしょうか。「本物ですか？」という質問が第一声とは、日本ではありえないですね。でもこれが、中国人ユーザーの多くが心配していることなのです。回答でしっかり本物であることを伝えましょう。日本からEMSなどで直送していることや、日本人経営だから偽物販売は絶対にしないことをアピールすると安心してくれるケースが多いです。

▼よくあるチャットでの質問

良くある質問	回答例
①是正品吗? (翻訳)これは本物ですか？	亲，欢迎光临！您选择的商品是日本正品，标签、吊牌、包装都是原装的。您可以看到产品的生产批号等等的信息。质量保证，请放心购买。 (翻訳)いらっしゃいませ。 ご覧になっている商品は日本正規商品です。 商品ラベルやタグ、梱包など全部日本オリジナルです。商品バーコードなどの情報も確認できます。 商品の品質なども保証します。ご安心ください。
②有货吗? (翻訳)在庫はありますか？	亲，您好！您选择的商品是现货。现在就可以发货。请考虑一下。 (翻訳)ニーハオ！お選びいただいた商品には在庫があります。すぐに発送できます。ご検討ください。
③什么时候发货呢? (翻訳)いつ発送されますか？	亲，您好！在库的商品，今天可以发货的。没有库存的商品，需要调货后才发货的。大概2天内可以发货。请下单吧。 (翻訳)ニーハオ！在庫がある商品は本日発送いたします。 在庫がない場合、取り寄せでき次第、発送します。 通常は2日間以内に発送できます。どうぞご注文ください。
④有优惠吗? (翻訳)値引きは可能ですか？	亲，您好！小店薄利多销，价格已经很低了哦，还请您谅解。下次买，请用我们送的这个优惠券哦。 (翻訳)ニーハオ！この商品は採算度外視の販売価格を設定しています。値引きには対応できませんが、どうかご了承ください。 次回、購入する時に、ぜひこの割引券をご利用ください。
⑤可以包邮吗? (翻訳)送料込みになりますか？	亲，您好！日本直邮商品不包邮的，多买可以优惠的，国内商品满300元可包邮。请尽情挑选。 (翻訳)ニーハオ！日本直送の商品は、送料込みにはできないです。 多めに購入すれば、送料別でもお得だと思います。 注文金額300元以上の中国国内の商品なら、送料込みにできます。 ご注文をお待ちしています。

友達感覚で関係性をつくる

実店舗では、店員とお客様が雑談をすることがありますが、その雑談をきっかけにお客様が求めている商品を具体的に知ることができたというケースはよくあります。タオバオのチャットも同じで、アパレル店舗なら身長や体重、スリーサイズをチャットで聞いてぴったり合う商品のアドバイスをすることもあります。また、買い物の目的が自分で使うものなのか、プレゼントなのかでもおすすめする商品が変わってきます。

中国人は少し強引な売込みを好む

中国人ユーザーからのチャット問い合わせに対応すると、「それでは少し考えてみます」と購入を保留するユーザーがいます。実際に数日後に注文が入るケースが多いですが、中にはそのまま流れてしまう場合もあります。せっかく問い合わせいただいたのに売れないのは非常に残念です。そこで、売込み文句を事前に考えておきましょう。

たとえば、人気商品のため在庫数が残り少なく、今買わないと売切れの可能性があるとか、為替変動やメーカーの価格上昇で今後値上げの可能性があるなど、いろいろ考えられます。

少し強引なくらいのセールストークが成約に結びつくことも多いです。中国人にとって、良い商品をグイグイ勧められるのは当たり前のようです。

Chapter 05

Section 03

注文処理の流れ

注文処理の画面を理解する

チャット対応などをこなし商品の注文が入れば、いよいよ注文処理をして発送することになります。

まず、注文の確認方法からユーザーの決済状況の確認、発送の処理や評価の確認など、注文処理全般について図解で詳しく解説していきます。初めて注文が入った時に慌てないように、基本の画面に用意されているボタンとその機能を確認しておきましょう。

1　タオバオのトップページからログインした状態で「已卖出的宝贝（販売済み商品）」をクリックする。

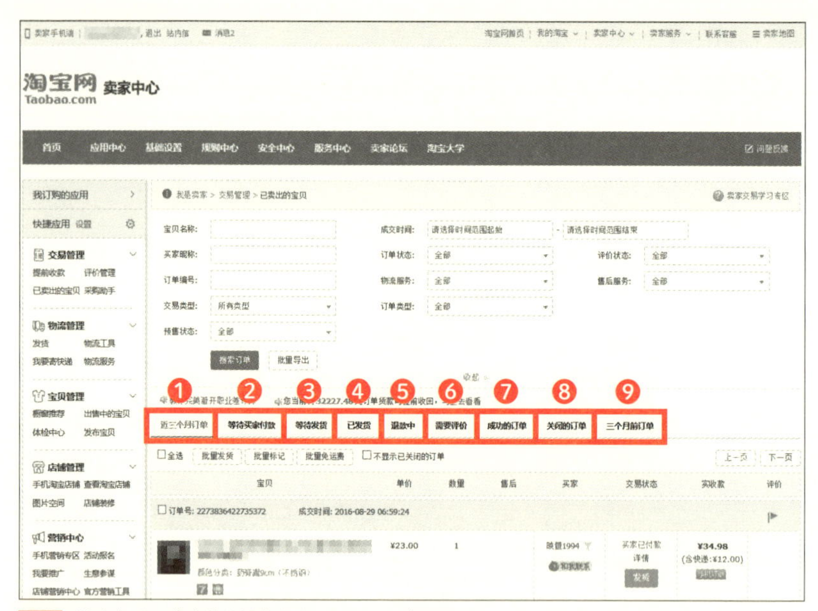

2 注文処理の基本的な操作をするためのタブ画面。
❶最近3カ月間の注文。 ❷決済待ち。 ❸発送待ち(決済済み)。 ❹発送済み。 ❺返金中。 ❻評価が必要な商品。 ❼取引成功の注文。 ❽キャンセル注文。 ❾3カ月間前の注文。

注文を処理する

こからは実際の注文を処理する方法を解説します。手順に沿って進めば簡単です。

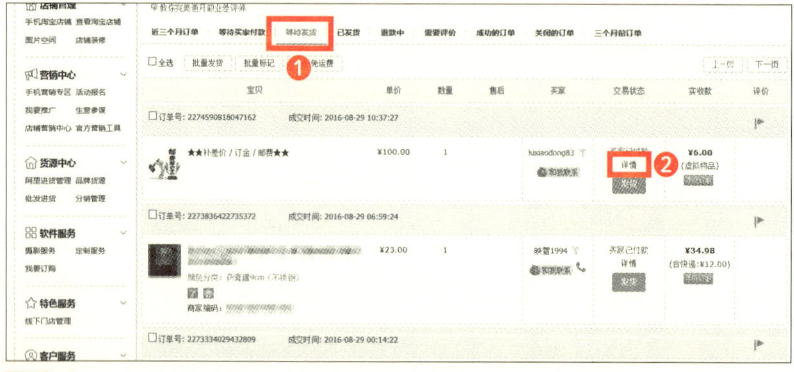

1 ❶タオバオのログイン画面で、「等待发货(発送待ち)」タブをクリックする。
❷「详情(詳細)」をクリックする。

2 「收货和物流信息（商品受取と物流情報）」をクリックする。

3 ❶発送先情報（名前、電話番号、住所、郵便番号）を確認してEMSなどの伝票を作成する。
❷発送通知処理をするため「发货（出荷）」をクリックする。

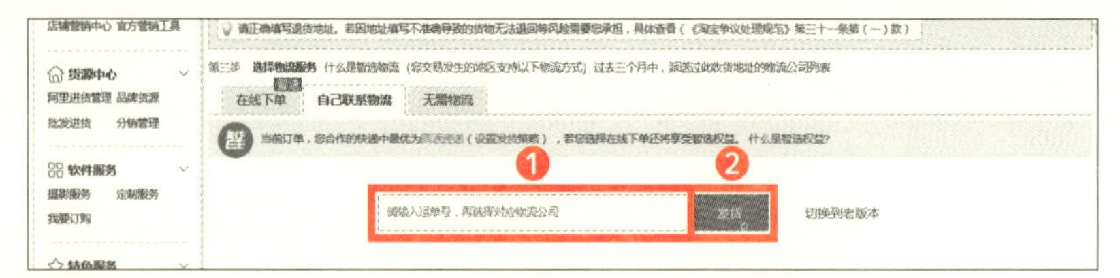

4 ❶EMSなどの追跡番号を入力すると自動的にシステムが配送業者を判断してくれる。
❷「发货(出荷)」をクリックする。

注文状況のステータス確認方法

ユーザーの決済状況や発送、返金、キャンセルなどの状態の確認方法を解説します。注文ごとの赤枠部分で状況を個別に確認できます。前述した「タブ」をクリックすると、それぞれの状況ステータスの注文が個別に表示されるので処理がしやすいです。

▼決済が完了状態で店舗側の発送手配が必要であるステータス

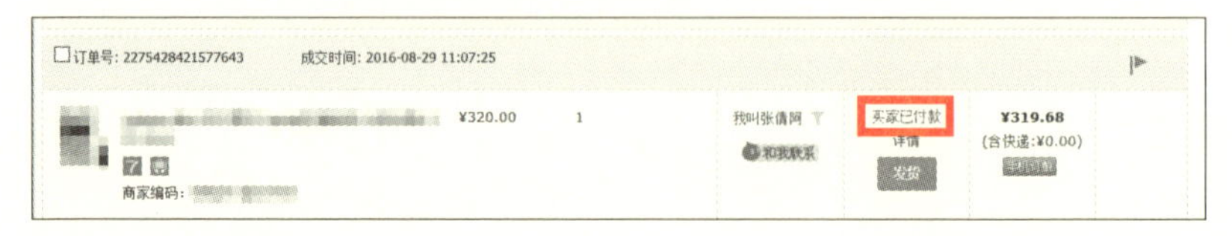

▼決済待ち状態のステータス

▼発送完了状態のステータス

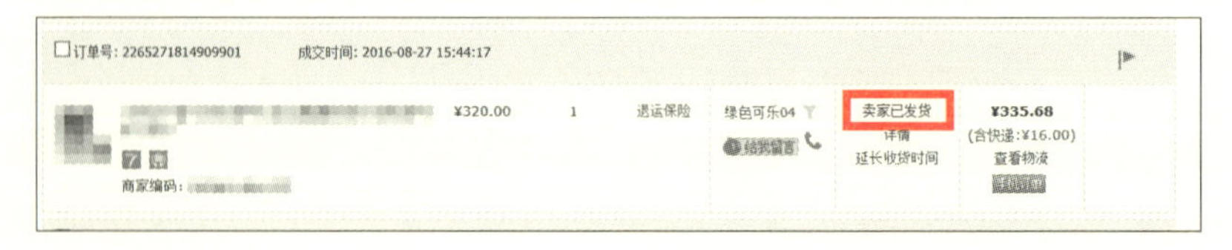

▼返金処理が必要な状態のステータス

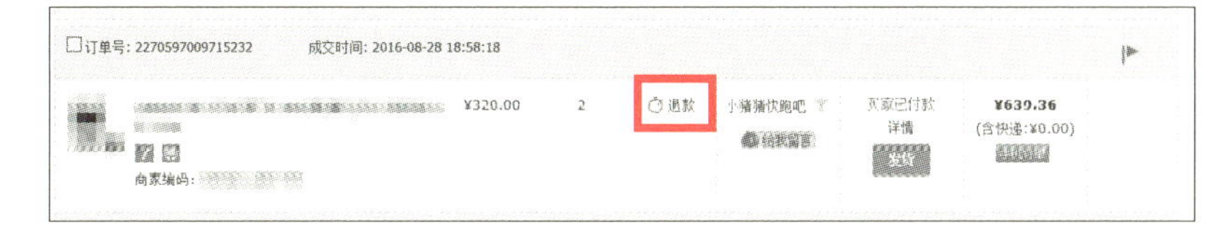

▼決済されずキャンセル状態のステータス

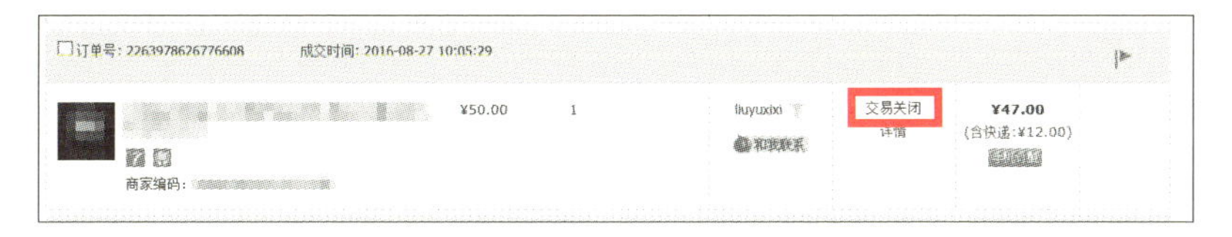

▼返金処理完了でキャンセル状態のステータス

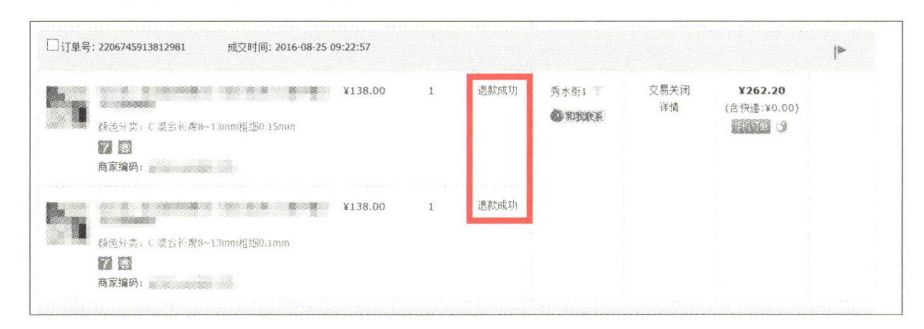

▼取引成功状態のステータス

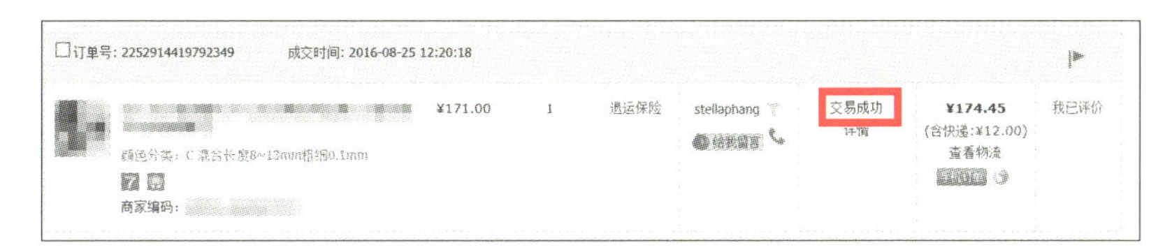

評価の確認とコメント返信方法

商品が届くと受取確認をするユーザーと、しないユーザーがいます。受取確認をしてくれたユーザーの中には、商品や店舗サービス、物流品質への評価を入れてくれる場合があります。そのユーザーからの評価を確認する方法と店舗側からユーザーへの評価をする方法について解説します。

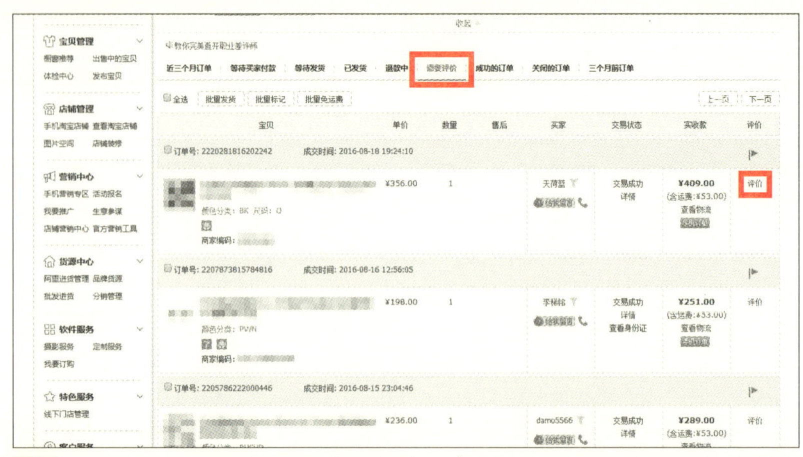

1 前項で説明した画面で「需要评价（評価待ち）」タブをクリックして店舗からの評価が必要な商品が表示されている画面。ここで「评价（評価）」をクリックする。

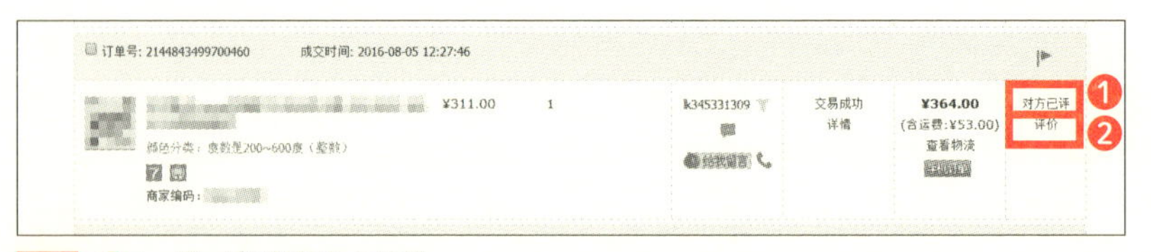

2 ❶ユーザーが評価済みの状態。
❷「评价（評価）」をクリックすると、ユーザーへの評価ができる。

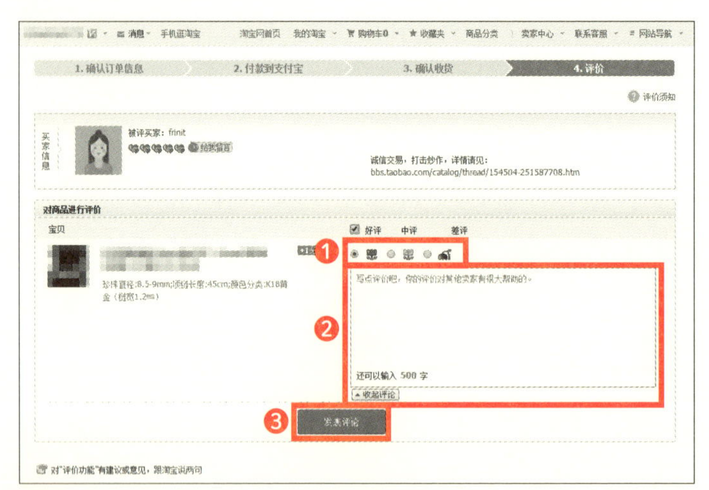

3 ❶チェックを入れてユーザーに対する評価を選ぶ。
❷スペースに評価コメント内容を入力する。最大500文字（全角）まで入力可能。
❸「发表评论（評価の表示）」をクリックするとユーザーへの評価作業が完了する。

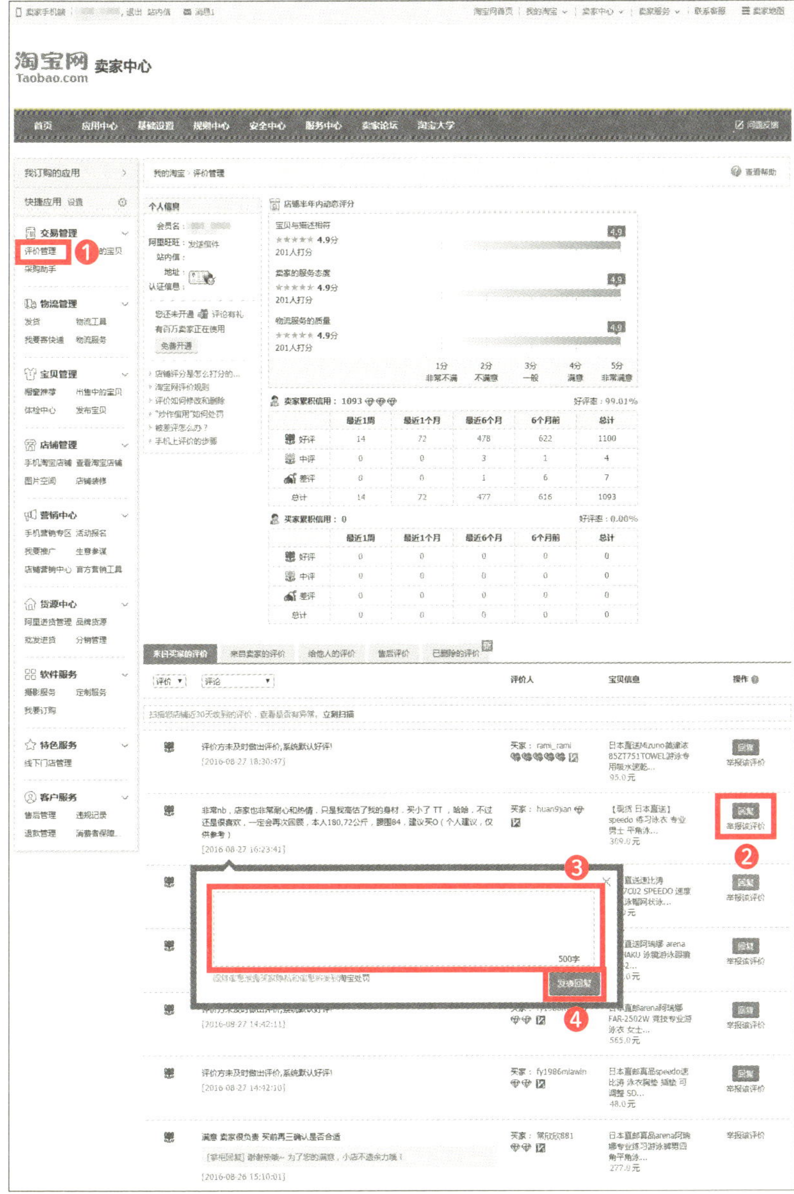

4
❶左側上部の「交易管理（取引管理）」の中にある「评价管理（評価管理）」をクリックする。
❷「回复（返信）」をクリックするととユーザーの評価への返答記入スペースが表示される。
❸ユーザーへの返答コメントを記入する。
❹「发表回复（返信の表示）」をクリックすると返答コメントが反映される。

Chapter 05

Section 04

商品の発送方法 日本直送編

日本から発送するメリットとデメリット

越境ECでの日本直送とは、タオバオで商品を購入してくれたユーザーに直接、日本から発送して商品を届ける物流方法です。商品の品質や偽物商品を警戒する中国人にとって、日本直送は安心感があるというメリットがあげられます。特に日本製の商品を購入するユーザーには、この安心感は重要な要素です。

一方、デメリットは大きく分けると2つあります。1つは送料が高額になることです。中国国内の送料は、同じ省内など近い場合で8元程度、平均で10元程度というのが相場です。しかし、日本から中国へ直送すると100元（1,500円）前後はかかります。

2つ目のデメリットは、関税の問題です。海外から直接商品を購入するということは受け取り時に関税が発生する場合もあり、中国人ユーザーが心配する部分です。

どの物流方法を選ぶべきか？

どのような物流方法を選ぶかは、越境ECの場合は日本国内よりさらに重要です。どうしても高額になりがちな国際送料と、配送のスピードや品質も関わってきます。また、物流会社によっては1梱包の段ボールサイズや重量に制限がある場合もあり、自社の商品の特徴に合わせて使い分けが必要になります。

中国向け発送の各社の比較表を掲載しますので参考にしてください。航空便では発送できない商品などの規制もあります。詳しくは直接物流会社にお問い合わせください。

中国向けの物流には様々な課題もありますが、大きな潮流として今後ますます拡大していくと思われます。実際、物流会社の新規参入や価格競争も起こりつつあります。物流は越境ECの肝なので、最新情報にアンテナを張って最適な方法を選びましょう。

2016年8月に日本通運とアリババグループが提携を発表し、EMSより3割程度安い送料で中国向け物流サービスを開始するそうです。発表されたばかりなので詳細はわかりませんが、今後の動向に注視するところです。

▼中国向けの主な物流会社の特徴一覧

物流会社	サービス名称	特徴	日数
日本郵便	EMS（国際スピード便）	国際郵便の中で最も速いサービス	2～4日
フェデックス	フェデックス・インターナショナル・エコノミー	配送日厳守のサービス	2営業日
ヤマト運輸	国際宅急便	世界200を超える国・地域に最短3～7日でお届け	3～7日
佐川急便	飛脚国際宅配便	日本国内のどこからの配送でも統一運賃で国際間の輸送をする	2日

日本郵便のEMS（国際スピード郵便）が便利

本書では、中国向けに商品を発送する際、日本郵便のEMS（国際スピード郵便）をおすすめします。EMSの重量区分や料金、伝票の印刷方法などについて詳しく解説していきます。

中国向けのEMSは、500g以下から最大30kgの範囲で細かく重量区分をして料金を設定しています。他の物流会社の航空便は、荷物の実重量と容積重量（容積から計算される重量）を比較して重たい方で料金計算されます。ですから、EMSは軽くてかさばる商品をお得に送れるのです。サイズは一辺の最大の長さが1.8m以内で長さ＋横周が3m以内と規定があります。また、国土の広い中国のどの地域でも同一料金で発送できるのも便利です。詳しくはお近くの郵便局に確認してみましょう。

法人向けに訪問説明をしてくれるサービス（http://www.post.japanpost.jp/int/ems/biz/service.html）もありますし、月間や一度の差出個数での割引も最大26％まであります。ただし、割引対象になるには事前に料金後納契約（後払いで口座自動引き落としの申し込み）が必要です。こちらも確認して申し込みをしておくと良いでしょう。

日本郵便のEMS（国際スピード郵便）は、2016年6月1日から最少の重量区分が300ｇ以下で900円の料金を廃止し、最少重量区分が500ｇ以下で1,400円と大幅値上げとなりました。化粧品１個など軽い商品での影響は大きいです。EMS以外の発送方法も紹介しますので選択肢の参考にしてください。

日本郵便にはeパケット、SAL便、船便と、ドアtoドアで集荷からお届け先まで配達してくれる別の配送方法もあります。お届けまでの日数がEMSよりかかりますが、料金が比較的安いので配送方法の選択肢として検討してみましょう。

▼日本郵便のEMS（国際スピード郵便）中国向け送料表

重量	料金	重量	料金	重量	料金
500gまで	1,400円	4.5kgまで	5,800円	17.0kgまで	16,100円
600gまで	1,540円	5.0kgまで	6,300円	18.0kgまで	16,900円
700gまで	1,680円	5.5kgまで	6,800円	19.0kgまで	17,700円
800gまで	1,820円	6.0kgまで	7,300円	20.0kgまで	18,500円
900gまで	1,960円	7.0kgまで	8,100円	21.0kgまで	19,300円
1.0kgまで	2,100円	8.0kgまで	8,900円	22.0kgまで	20,100円
1.25kgまで	2,400円	9.0kgまで	9,700円	23.0kgまで	20,900円
1.5kgまで	2,700円	10.0kgまで	10,500円	24.0kgまで	21,700円
1.75kgまで	3,000円	11.0kgまで	11,300円	25.0kgまで	22,500円
2.0kgまで	3,300円	12.0kgまで	12,100円	26.0kgまで	23,300円
2.5kgまで	3,800円	13.0kgまで	12,900円	27.0kgまで	24,100円
3.0kgまで	4,300円	14.0kgまで	13,700円	28.0kgまで	24,900円
3.5kgまで	4,800円	15.0kgまで	14,500円	29.0kgまで	25,700円
4.0kgまで	5,300円	16.0kgまで	15,300円	30.0kgまで	26,500円

▼日本郵便の中国向け配送方法一覧

発送方法	特徴
EMS（国際スピード郵便）	国際郵便の中で最優先に取り扱い、2～4日程度で各国のお客様に届く。
航空便	飛行機で輸送するため料金は高めだが、3～6日程度で届く。
エコノミー航空（SAL）便	日本国内と到着国内では船便として扱い、両国間は航空輸送する。船便より速く、航空便より安いサービス。 ※国・地域が限られている。 ・届くまでに6～13日程度かかる。 ・相手国の取り扱いによっては、さらに日数がかかる場合がある。
船便	船で輸送を行う。1～3カ月と時間はかかるが、安い料金で輸送できる。

簡単印刷！EMSマイページの活用方法

海外向けの発送となると、これまで経験がない人は伝票の書き方やインボイスの作成など心配だと思います。EMSには家庭用プリンターで印刷ができて、インボイスも簡単に作成できる国際郵便マイページサービスというWEBサービスがあります。「国際郵便マイページサービス」で検索して専用ページから事前に登録しておきましょう。タオバオでの発送で使う場合は、中国語フォントのインストールが必要です。

差出人情報や商品情報などを事前に登録しておけば、手書きすることなく伝票発行がすべて完了します。

またあまり知られていませんが、EMSには「大口機能」という発送件数が多い事業者向けの、CSVデータから一括送り状作成機能があるサービスもあります。発送件数が増えてきたら、こちらの導入も検討してみましょう。著者が運営代行している店舗で利用している、タオバオの注文情報CSVをマイページで読み込めるように変換するツールがあります。読者特典として本書の巻頭にこれをダウンロードできるURLを記載しました。ぜひ利用してみてください。

▼国際郵便マイページサービス（http://www.post.japanpost.jp/intmypage/whatsmypage.html）

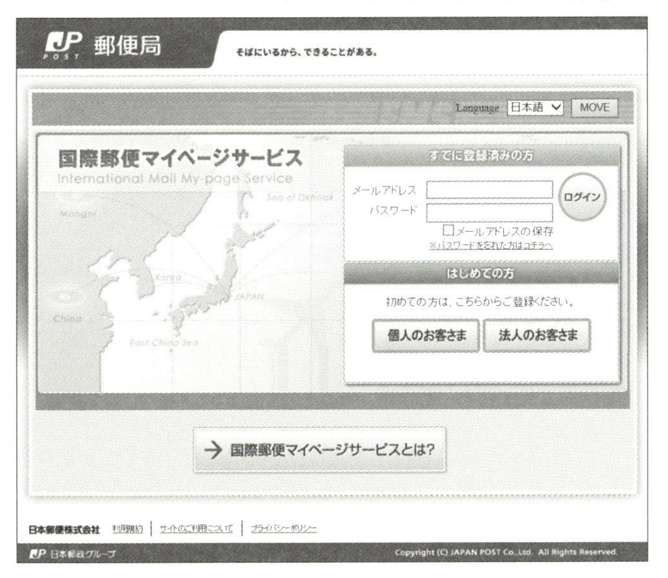

日本直送の関税についてよくある疑問

日本直送する場合の関税を誰が負担するかという質問がよくあります。貿易のルール上は、輸入者である中国人ユーザーに関税の支払い義務があります。ですので、タオバオで販売する日本の企業や個人などの店舗側で負担する必要はありませんし、商品代金に関税を計算しておく必要もありません。

ただし最近は、受取人であるユーザーにいったんは関税を納税してもらい、その後、店舗側が関税分を返金するような出品や販売方法もあります。これは海外から商品を購入するユーザーとしては安心感があります。安心感があるということは購入してもらいやすいので販売促進には有効な方法ですが、その分、商品の販売価格が高くなるので判断が難しいところです。

Section 05 商品の発送方法 中国発送編

日本直送と中国発送の違い

中国発送について解説していきます。中国発送には「保税区モデル」を利用する方法と、一般貿易として中国に輸入して在庫を中国に置き、そこからユーザーへ発送する方法の２つあります。

中国発送の強みは、なんといっても送料の安さです。特に重量がある商品の場合に有利で、船便を使って国際間の輸送費用を抑えつつ、中国国内の物流を利用することでさらにコストを下げられます。本書では近年注目されている「保税区モデル」について解説していきますが、中国内に拠点を構え、それを継続して維持できない限り、かなりハードルの高い方法であることを申し添えておきます。

中国越境EC　保税区モデルとは

保税区とは、外国から輸入された貨物を、税関の輸入許可がまだおりていない状態で関税を留保したまま置いておける場所のことです。貿易などの規制緩和を目的に浙江省の寧波や広州などで許可されています。この保税区を利用した「保税区モデル」とは、通関手続きをせずに日本から中国の保税区に輸出し、保税区内の倉庫に商品を保管し、そこから注文に応じて商品を発送するというモデルです。

輸送コストを抑えるだけでなく、事前に中国に在庫を置くことでユーザーに届く配送スピードも格段に速くなります。

なお、2016年10月の時点で、タオバオや天猫（Tmall）の店舗が利用している保税区は6か所あります。次ページに一覧表示しますので、保税区モデルを活用してビジネスを拡大させたい際にはぜひ参考にしてください。

タオバオや天猫（Tmall）の店舗が利用している保税区（2016年10月時点）

・杭州下沙保税区（杭州下沙保税区）
・广州机场保税区（広州空港保税区）
・宁波保税区（寧波保税区）
・重庆西永保税区（重慶西永保税区）
・重庆两路寸滩保税区（重慶両路寸灘保税区）
・杭州下沙保税区美渠仓（杭州下沙保税区美渠倉）

タオバオで保税区を活用する方法

タオバオで保税区を利用して商品を販売するには、店舗の信用ランクがダイヤモンド2個以上、消費者保証金が2万元以上、違反などの処罰期間中ではないことなどが条件になります。

そして、ECに特化した物流会社の「菜鸟（ツァイニャオ）」に申請して保税区を選びます。

なお、中国で保税区を利用してタオバオから販売するには、日本では情報が少なく手続きも複雑なため、本書では具体的な手順を省きます。

ただし、一般貿易と比べ関税が免除され、増値税や消費税が30％減税となる商品カテゴリがあるなど、有利な面があることは間違いありません。中国で本腰を入れて物販ビジネスを展開するのであれば、保税区を利用することをぜひ検討し、専門家に相談してみましょう。

Chapter 05
Section 06

売上金を円で簡単に回収する方法

最も簡単な売上回収法

タオバオでの売上金は中国の通貨である人民元でアリペイに入金されるので、日本円で回収する必要があると思います。そこで、最も簡単な方法を紹介します。

タオバオ店舗での売上は、まずアリペイアカウントに入金されます。この入金された売上をアリペイアカウントと紐付をしている自分名義の中国の銀行口座に移動します。

アリペイから「提現（出金）」した売上が銀行口座に移動できたら、銀行カードで日本のATMから円で引き出すことが可能です。引き出しが可能なATMには銀聯マークの記載があります。また、引き出しの手数料は各銀行により違うため、できるだけ手数料の安いところで引き出すようにしましょう。

▼銀聯カードで引き出し可能な日本の金融機関一覧

セブン銀行（セブンイレブン、イトーヨーカドーなど）	SMBC信託銀行PRESTIA
イオン銀行（イオン、イオンモール、ミニストップ・マックスバリュなど）	京都銀行（一部）
ゆうちょ銀行（郵便局）	北洋銀行（一部）
ローソンATM	千葉銀行（一部）
イーネットATM	八十二銀行（一部）
三井住友銀行	琉球銀行（一部）
東京三菱UFJ銀行	

年間10万元の引き出し制限

中国国内で開設した銀行口座に付帯する銀聯カードを利用して日本のATMで引き出す場合、1日1万元以内という制限が課せられています。また、2016年1月1日からは年間の引き出し可能額も10万元に設定されました。

中国国家外貨管理局によると、国外でのマネーロンダリング制止の強化や金融関係のリスク減少のためということです。

これは1枚の銀聯カードに課せられた制限です。複数の口座を開設すると銀行ごとに銀聯カードが発行されるので、ビジネスの規模に合わせて必要な分の銀行口座を開設しておくと良いでしょう。

Chapter 06

タオバオ運営で困った時の対処法

Chapter 06

Section 01

返品・返金依頼への対処法

意外と少ない返品・返金依頼

中国人向けの販売となると、返品や返金依頼などのトラブルを心配する人は多いと思います。しかし著者の経験上、日本人ユーザーと比べて中国人ユーザーが特別にトラブルが多いとは感じません。ほとんどの中国人は常識ある人なので、中国人だからと心配する必要はありません。日本人でも中国人でも、常識のない人が一定数いるのは仕方のないことです。

最も多いのは、商品の在庫切れなどの欠品による返金です。タオバオだけで販売をしているのなら在庫数をしっかり管理することで防ぐことは可能でしょうが、日本でも同じ商品を販売していると時間差で他のネットショップで売れてしまい、売り越してしまう場合があります。対策としては、タオバオでチャットの問い合わせがあった時点ですぐに在庫を確認できるよう、チャット担当者の業務の流れに入れておくと良いでしょう。

7日間理由なし返品加入は必須！？

タオバオには消費者保証サービスがあり、返品に関する消費者保証は「7天无理由退货（7日間理由なし返品）」というサービスが充てられています。商品の到着後、7日間以内であれば理由なしで返品が可能なサービスです。この消費者保証は、商品ページ単位で加入する、しないを店舗側が出品時に選択することができます。

ただし、アパレル、デジタル製品および部品、化粧品、食品以外のベビー用品など、「7天无理由退货（7日間理由なし返品）」が出品の絶対条件になっているカテゴリもあります。

なお、注文を受けてから仕入れて販売する商品の場合、「非现货（无现货,需采购）（在庫なし、仕入れ必要）」を選択して設定すると、商品タイトルに「代购（代理購入）」とアイコンがつきます。こうすると、特定のカテゴリ以外すべて「7天无理由退货（7日間理由なし返品）」に抵触することなく、返品を受け付けずに販売することが可能です。

返品の送料はユーザー側が負担する

「7天无理由退货（7日間理由なし返品）」に加入していて実際に返品となった際の返送料は、ユーザー側の理由で返品となる場合はユーザー負担になります。返品されて商品が再販可能な状態であることが確認できた後、凍結されているアリペイの代金から送料を差し引いた商品代金がユーザーに返金されます。
送料込みの価格で販売した商品が返品された場合、返品したユーザーは基本的に返品時の送料しか負担してくれません。そこで、「返品時は往復の送料を負担していただきます」という店舗の特別ルールを商品ページに明示しておきましょう。

7天无理由退货に加入したほうが安心

本書では「7天无理由退货（7日間理由なし返品）」に加入することをおすすめします。ユーザーは返品する際の送料を負担しなければならないので、このサービスを使うことは滅多にありません。しかし、無理由返品と商品代金の返金はユーザーに安心感を提供できるので、販売促進の一環として加入しておきましょう。

返金率の悪化は避けよう

違う商品を送ってしまう誤発送などでの返金は返金率に悪影響があります。返金率の仕組みは「返金された注文件数」÷「総注文件数」で30日間のデータで計算されますが、同じ商品カテゴリの平均返金率を超えないように注意しましょう。また通常の返金の場合の返金率とは別に、「返金トラブル率」という「返金にトラブルが発生した注文件数」÷「総注文件数」で計算する率があります。この返金トラブルとは、ユーザーからの返金申請に店舗側が納得できず返金拒否した場合に、タオバオが介入して双方の理由を聞き取り、その結果、店舗側に強制的に責任をとらせた場合の率になります。この件数が30日間で6件以上、または返金トラブル率が0.1％を超えると、検索順位が下がったり検索対象外になったりと店舗運営に不利になることがあるので注意が必要です。

また、返金トラブル率はタオバオの広告やキャンペーン参加条件にもなるので、この率が悪化すると参加できなくなります。自分の店舗の状況をよく把握して悪化しないように対応しましょう。

返金申請に応じる

ユーザーから返金申請をされた際の手順について解説します。まずは返金申請がきている商品の注文情報の画面に入るため、卖家中心（サプライヤーセンター）から操作をしていきます。返金金額や原因について間違いがないかをよくチェックすることが大切です。

1 「卖家中心（サプライヤーセンター）」で「已卖出的宝贝（販売済み商品）」をクリックする。

2 「退款中(返金中)」のタブをクリックすると返金申請中の注文商品が表示される。

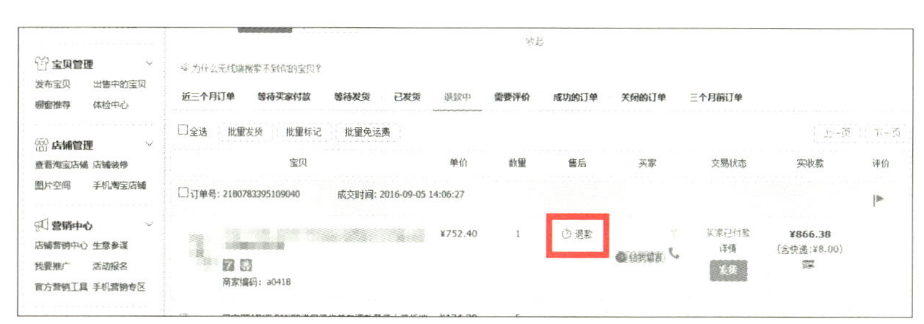

3 ❶「退款(返金)」をクリックして返金ページに入る。

4 ❶返金金額や原因などの表示があるので内容に間違いないかを確認する。
❷「同意退款申请(返金申請に同意)」をクリックする。

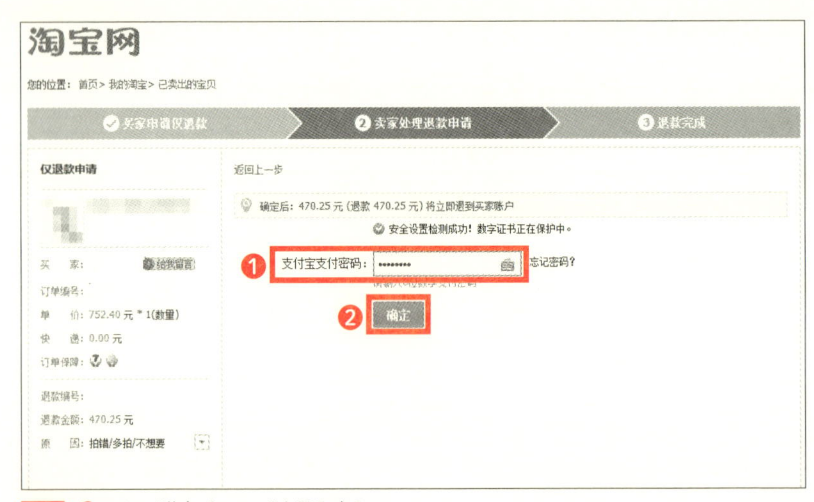

5

❶アリペイ送金パスワードを記入する。
❷「确定（確定）」をクリックする。

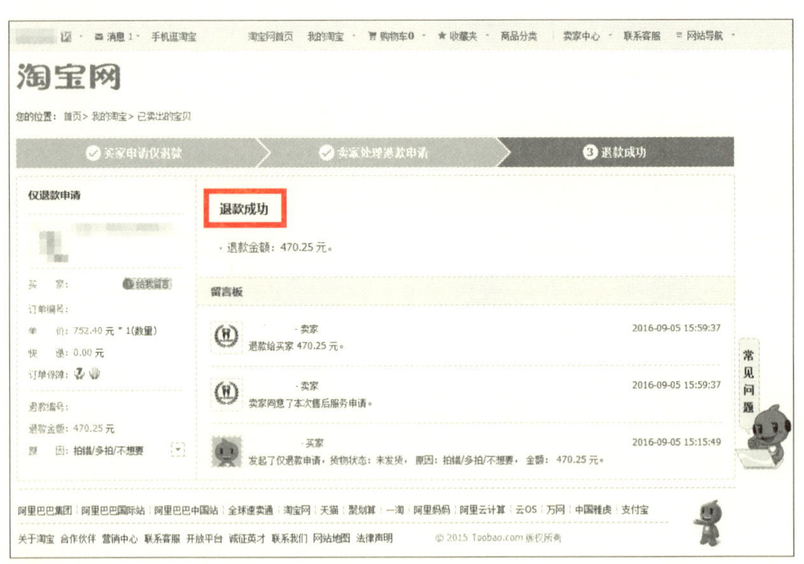

6

「退款成功（返金成功）」と表示され、返金作業が完了した。

Chapter 06

Section 02

「悪い」評価がついた時

ユーザーからの評価を確認する

ユーザーから商品について評価を下される場合があります。その通知は「千牛」にも届きますが、その評価の内容は千牛の画面では確認できません。タオバオの評価管理の画面で評価内容を確認しましょう。

評価コメントは購入前のユーザーもよくチェックするので、悪い評価コメントは転換率が下がったり、タオバオのアルゴリズムにも影響しますので注意が必要です。できるだけ評価がつけられたらすぐに確認し、対処するかどうかを判断しましょう。

1 「卖家中心（サプライヤーセンター）」にアクセスし、「评价管理（評価管理）」をクリックする。

	最近1周	最近1个月	最近6个月	6个月前	总计
好评	172	771	3785	3879	7664
中评	0	0	5	14	19
差评	1	3	5	13	18

2 ここに店舗へのユーザーからの評価内容が表示される。悪い評価があった場合は数字をクリックする。

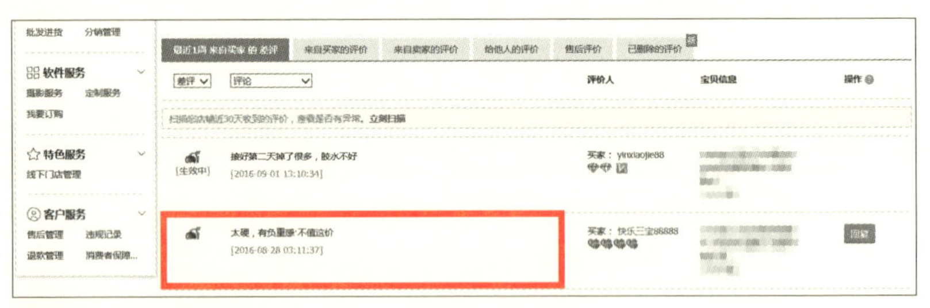

3 評価コメントを確認する。

チャットで評価の変更をお願いできる

悪い評価があった場合には、ユーザーに連絡して評価を変更してもらえるようにお願いしてみましょう。ユーザーと相談して悪い評価の削除や変更をすることは、タオバオもおすすめしている方法です。

ユーザーからの評価の削除や変更ができる期間は、評価がつけられてから30日間と制限があります。この期間を過ぎると削除や変更ができなくなりますし、あまり時間がたってからユーザーに連絡しても、いまさらという感情になるのですばやく対処していきましょう。

ユーザーへの連絡方法は、チャットの千牛からもできるので、まずはチャットで「不満だった点は何か」を確認しましょう。内容によってはお詫びをして、商品の不具合なら交換などの提案をします。

ただし、店舗と違いユーザーはチャットソフトの阿里旺旺に常にログインしているとは限りません。ユーザーがオンラインかオフラインかはアイコンの色で判断できますが、オフラインである場合やオンラインでもすぐに返信がこない場合には、ユーザーに電話連絡をします。

電話番号は注文情報から確認できます。電話で誠心誠意対応して、悪い評価を変更してもらえるように頑張りましょう。この時の対応がきっかけとなり、逆に店舗を信頼してリピーターになってくれることもよくあります。

評価には評価で対抗する

先の方法でしっかり対応して悪い評価の変更をしてもらえればベストですが、ユーザーの中には誠意ある対応をしても悪い評価を変更してくれないことがあります。その場合は、店舗からも評価への評価として、コメントを記入しましょう。

この店舗側の評価内容も公開されるので、感情的にならずに冷静なコメントを心がけます。間違っても暴言や脅迫するような表現は使ってはいけません。

また、わざと悪い評価をつけて値引きを要求する悪質なケースや、類似の商品を販売しているライバル店舗が悪い評価をつけてくるケースもあります。そのようなケースだと思われる場合は、タオバオに訴えることが可能です。店舗側に落ち度がなく、悪い評価をつけたユーザー側に問題があるとタオバオが判断した場合は、この悪い評価をタオバオの権限で削除してもらえます。詳しくは後述する「悪質ユーザーには毅然とした対応を」でタオバオへの申請方法を解説します。

Section 03 クレーム対策！事前にできる対処法

中国ECによくあるクレーム事例

ユーザーからのよくあるクレーム内容と、事前に店舗としてできる対処方法について解説をします。商品を受け取ったユーザーが、画像から想像していた商品とイメージが違う、偽物ではないか、とクレームをつけてくる場合があります。対処方法としては、商品ページで商品のサイズ感や質感などをイメージしやすいように説明文を改善していきます。

また、商品が届くまでの輸送時間が長いというクレームも、日本からの発送では多くなります。注文から発送までをすばやく行うのはもちろんですが、到着までの日数をチャットなどで事前に伝えておきましょう。

これだけはしっかり説明しよう

他に多いのは、関税が発生したことに対するクレームです。個人宛ての少量の荷物をEMSなどで送った場合は関税がかからないことが多いのですが、関税がかかるのを前提に事前にユーザーに説明しておくことがトラブルを防ぐコツです。商品ページなどに、関税の支払いについて注意喚起するバナーを入れておきましょう。

▼注意事項を画像にまとめておく

购前须知

至　淘宝店铺每位顾客的购前须知

您所购买的商品，在入境通关的时候，可能海关会要求您交相应关税。关税费用由买家您承担。

关于所产生的关税费用，小店不清楚。您可与当地海关咨询。

万一有因某原因不能正常通关，商品被往返日本时，我们不接受您退款等一切要求。

运输途中所消耗的时间过长，导致往返回日本的商品超过有效期，我们也不会接受退款·换货等要求。

另外，货物回到日本后，我们再次寄出的运费也由买家您承担。有以上情况，亲请多多包涵谅解。

注：宝贝详情里写的商品的保质期会根据运输途中的时间关系，会有所变动（保质期一般是从日本发ems到国内之后的时间）我们从日本会给您发最新保质期的商品的。

関税についての注意事項を画像にまとめ、商品ページに掲載しておけばトラブルも減少する。画像は参考例。

クレームがこない梱包とは？

中国国内の物流会社の荷物の扱いは、日本の物流会社と比べるとクオリティは低いです。荷物を投げるなど雑な扱いであることを頭に入れておきましょう。空輸でもパレットなどに重ね積みされるので、厚みがある丈夫なダンボールを選んだり、緩衝材で厳重に梱包するようにします。EMSは重量で料金が変わるので荷物の重量と梱包の丈夫さのバランスを取る必要がありますが、内容物の破損回避を意識して梱包するようにしてください。

また、荷物の外箱に張り付けた伝票がはがれてしまい、配達先の住所がわからなくなるケースもよくあります。配達されず紛失扱いになることもあるので、伝票がはがれないように四隅をしっかりテープで止めるなどの対策も有効です。

チャットで言質を取ろう！

発送までの間にユーザーとのチャットでのやり取りで、関税発生の可能性や支払義務は受取人であるユーザーにあること、また関税が発生したからと受取拒否や返品、返金などを受け付けることができないことを必ず伝えます。定型文をあらかじめ用意しておくとよいでしょう。その際に、ユーザーに承諾した旨のコメントを残してもらうようにしましょう。

これは、万が一にトラブルになって返金するしないともめた場合に、タオバオが仲裁に入って状況を審査する際の証拠となります。トラブルに備えて、チャットで言質をしっかり取るように心がけておくと良いでしょう。

Chapter 06

Section 04

クレームへのベストな対処法

それでもクレームになったら

事前にしっかりクレーム対策をしていても、トラブルとなることもあります。クレームとはいえないですが、関税支払の連絡が税関からきたが手続きはどうすれば良いかとチャットで相談してくるユーザーもいます。そのような場合には面倒に思わずに、手続き方法を親切丁寧に教えてあげましょう。

ユーザーの中には理不尽なことばかり言うユーザーもいるとは思いますが、そのような時にどう対応するかは店舗側のポリシーの問題です。しっかり事前説明をしていて店舗側に落ち度がないようにしておけば、返金申請を拒否したり、返品に応じない方法も可能です。

後述する店舗側から悪質ユーザーとして訴える方法もあるので、そのような対応をするか、それとも別の対応をするか、タオバオ店舗をどのように運営するかを考えておきましょう。

悪質ユーザーには毅然とした対応を

本当に悪質なユーザーの場合には、時として毅然とした対応をする必要もあります。タオバオに店舗側として訴えをする方法についてもしっかり解説しますので、万が一の場合は下記の手順に沿って訴えの申請をしてみましょう。

タオバオからの回答は、「规蜜（タオバオ規則のサービス名称）」の「投述记录（クレーム記録）」で確認することができます。通常は3～5営業日ほどで返答が得られます。

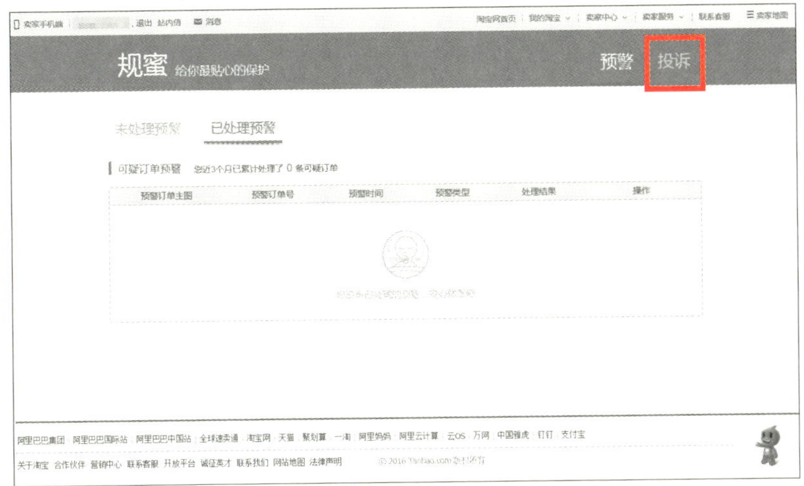

1 タオバオにログインし、「規蜜（guimi.taobao.com）」のページにアクセスする。クリックでは移動できないので、ブラウザのアドレスバーに直接「guimi.taobao.com」と入力して[Enter]キーを押す。ログインしていないとアクセスできないので注意。「投訴（クレーム）」をクリックする。

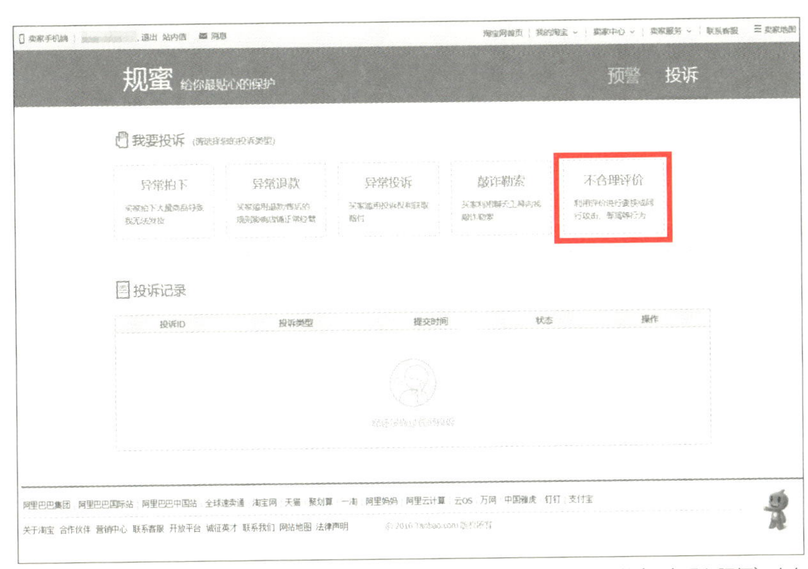

2 タオバオに訴える内容を選択する。評価に関する訴えをする「不合理评价（不合理な評価）」をクリックする。

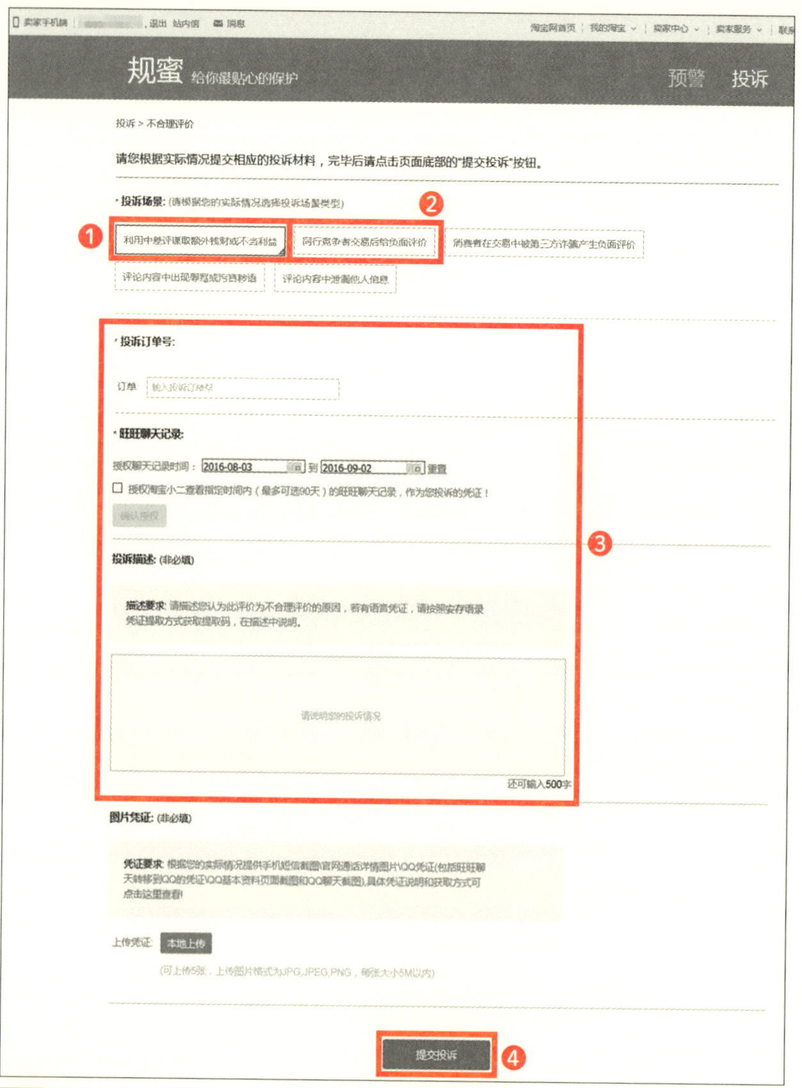

3

❶悪い評価を利用して不当な利益を得ようとしている場合。
❷ライバル店舗などが悪い評価を利用して不当な利益を得ようとしている場合。
❸訴える内容を記入する。
❹「提交投诉（クレーム提出）」をクリックして作業を完了する。

Section 05 運送保険の請求法

EMS(国際スピード郵便)運送保険の仕組み

日本郵便のEMS（国際スピード便）には、輸送中の商品破損や紛失の際の損害賠償制度があり、最高200万円を限度とする実損額を賠償してくれます。商品の価格が2万円以下では保険料は無料、2万円ごとに50円の追加保険料を発送時に支払うことで、万が一の時の実損分をカバーすることが可能です。

商品代金が2万円を超える場合は、忘れずに損害要賠償額を発送する時に申し出るようにしましょう。

実際に保険請求する方法

ユーザーから商品が破損していたなどのクレームの連絡がきた時には、まず破損していた商品や梱包状態の写真を撮影して送ってもらいます。そして、破損しているからと商品を捨ててしまわないように伝えます。

なぜなら、郵便物の損害賠償の請求は差出人が行うことになりますが、請求に必要になるダメージレポートともいわれる「立会検査調書(CN24)」を中国側で作成してもらう必要があるからです。相手先の配達員が破損した商品の確認をすることになるので、商品がなくては始まりません。必ずユーザーに伝えて協力してもらうようにします。最終的には調査請求もしくは紛失の場合は追跡請求を郵便局に提出して、中国側の調査結果を受けて損害賠償が適当であると決定されれば損害賠償の手続きができます。郵便局が用意する「損害賠償兼料金等返還請求書」に必要事項を記入して郵便局に提出すれば、後日実損額が振り込まれてきます。

時間がかかるのは覚悟しよう

輸送中の商品破損や紛失での損害賠償制度を利用する場合、決着がつくまで相当な日数がかかることを覚悟しておきましょう。中国側のEMSの対応は非常に時間がかかりますし、最初のやり取りでは窓口をたらい回しにされることもよくあります。

ダメージレポートの作成だけでも10日前後、調査結果の回答も1〜2カ月かかることも珍しくありません。やり取りや書類の提出も煩雑なので、できるだけ保険請求するような事態にならないようにしっかりした梱包を心がけましょう。国際間の郵送や中国側での荷物の取り扱いは雑なところがあります。破損しやすい割れやすいものは販売を見合わすか、専用の梱包資材を用意するなど念には念を入れて梱包してください。

Section 06

タオバオの違反規則制度

タオバオの違反規則の仕組み

タオバオには様々な独自の規則制度があります。違反すると店舗運営にマイナスになる処分を受けるので、しっかりタオバオの違反規則について理解しておきましょう。

違反規則制度は、日本の運転免許証のように違反の種類により点数を控除されます。累計違反点数が処分基準になると処分を受ける仕組みです。

持ち点数は48点と理解して良いでしょう。なぜなら、累計違反点数控除が48点になったらタオバオIDが廃止されて店舗運営は永久にできなくなるからです。運転免許証の免許取り消し処分と同じようなものです。

基本的には1年たてば累計違反点数がリセットされますが、タオバオが違反の中でも重要視している「偽物の販売」違反については1年ではリセットされず、2年間の累計で計算される厳しいルールです。

本書ではたくさんあるタオバオの違反のすべてを詳細に伝えるのは難しいですし、新しく違反規則が追加されることもあるので、下記の淘宝規則のページを定期的にチェックしてください。

1 タオバオIDでログインし「基础规则（基礎規則）」をクリックする。

2　「淘宝规则（タオバオ規則）」をクリックして淘宝規則のページにアクセスする。

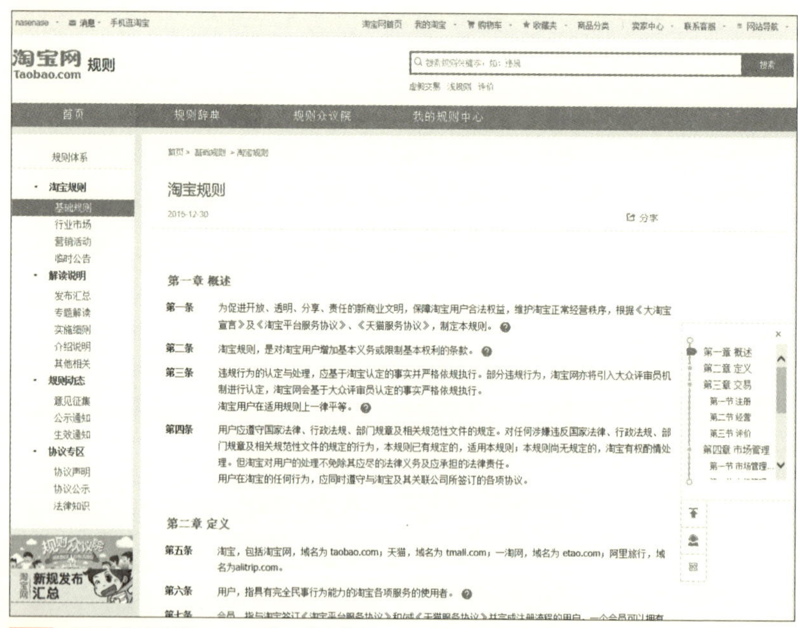

3　詳細な淘宝規則について条文が記載されているのでチェックする。

どのようなことが違反になるか？

では、違反にはどのような種類があるのか、主だったものを解説していきます。

知的財産権を侵害するような偽ブランド商品や販売禁止商品の販売、素材や品質などを偽ったり、他人のIDを盗用しての販売などが重大な違反で、控除される点数も高いです。

知らずに間違ってやってしまいがちなのが、本来1つの商品ページにSKU（最小管理単位＝Stock Keeping Unitの略語）として出品するべき色違いやサイズ違いなどの商品を、複数の商品ページに分けて大量に出品してしまうことです。控除点数はそれほど高くはありませんが、これも違反になるので注意しましょう。

他には、販売価格が相場とかけ離れて高すぎたり安すぎることも、タオバオの異常検知システムに引っかかった場合は違反になることがあります。これは明確な基準が公表されていないので、タオバオ内の市場価格の相場をよく調べて出品するようにしましょう。

違反すると受ける処分とは？

万が一違反を犯してしまった時にどのような処分を受けるのか、把握しておきましょう。ここでは、タオバオからの警告の流れや主だった処分内容について解説します。

まず、軽微な違反にはタオバオから警告の連絡がきます。後述する店舗側のチャットソフトのメッセージや管理画面にも警告がきていることが表示されるので、見逃さないようにしましょう。警告がきたら、期日までに修正するなど対応します。

処分内容は、商品の検索順位が下がったり、検索対象外にされたり、削除される場合があります。また違反の種類によっては、保証金から違約金を控除される場合もあります。他にも、タオバオのイベントなどキャンペーンや広告に参加できなくなったり、アリペイ口座の送金や引き出しを制限される場合もあります。これらの処分を受けないようにルールを守りましょう。

▼通常規則違反の行為

第五十八条（通常規則違反の行為）		
	中国語	内容
1	广告信息	禁止キーワードの使用
2	信息与实际不符	実際の商品と商品ページの説明の違い
3	信息重复	説明文の重複(同じ商品を複数のページを出すこと)
4	商品要素不一致	適切でない要素(カテゴリ、素材、原産地など)に出品する
5	价格作弊	販売価格を極端に安くまたは高くするなど相場とかけ離れた価格での販売(タオバオシステムの基準)
6	行业特殊要求	商材ジャンルごとに必要になる特殊な販売許可や許認可関係

違反を回避するためのポイント

では、違反を犯してしまわないためにはどのようなことに注意すれば良いかポイントをまとめておきます。

タオバオ店舗運営に非常に影響のある大切なポイントなので何度も強調しますが商品出品の際や商品ページ説明文の内容などが規則違反にならないように厳重に注意してください。

1. 違反を犯さないように最新のタオバオ規則をしっかり把握をする
2. タオバオからの規則違反の警告を見逃さないようにする
3. 警告がきたら放置せずに、期日までに商品ページなどの修正をして対応する

Section 07 タオバオからの警告に対応する

タオバオからの警告は必ず対処しよう

タオバオからの警告は非常に重要なので、必ずチェックして対応してください。もし期限までに対応しないと、タオバオIDの停止などの厳しい処分を受け、販売ができなくなることもあります。

タオバオからの警告を確認するには、店舗運営をしている時にログインしている千牛でチェックするのが確実です。

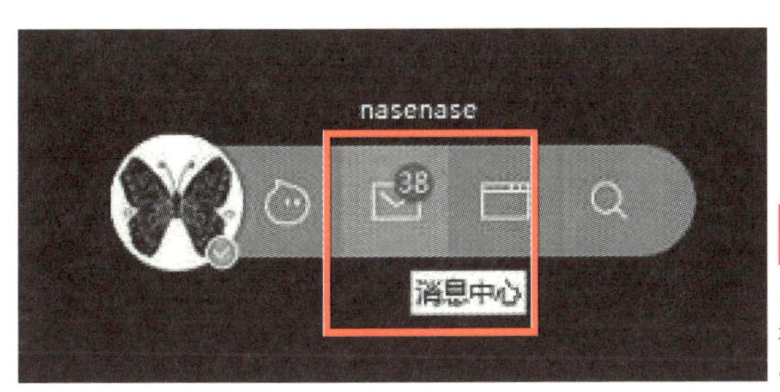

1 この部分に数字が出ている場合、タオバオからの連絡がある。クリックして確認する。

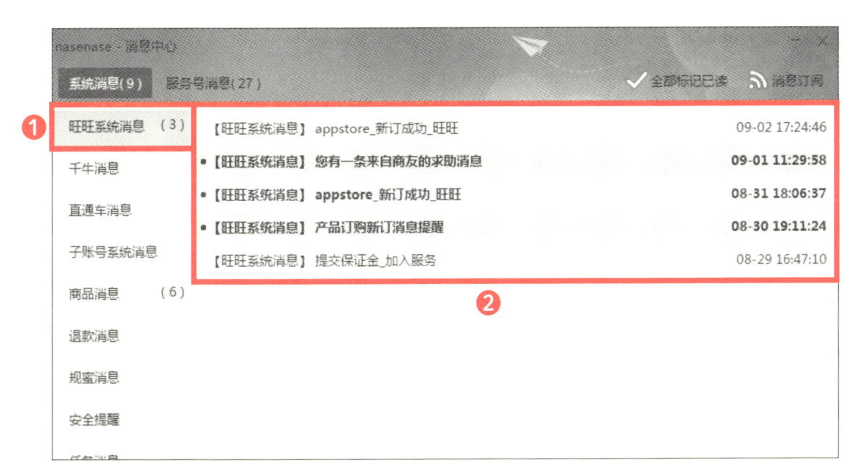

2
❶「旺旺系统消息(チャットシステムメッセージ)」をクリックする。
❷スペースにタオバオからの通知がきているので確認する。

タオバオの警告を確認する

　タオバオからの警告は千牛から確認する方法以外に、タオバオ運営の管理画面である「卖家中心（サプライヤーセンター）」からも確認が可能です。この卖家中心には、出品や店舗デザインの変更、注文処理やアクセス解析などタオバオ運営のほとんどの作業をする際の基本的な管理画面になるので、毎日アクセスすることになります。その際に、必ず違反警告がきていないか確認する癖をつけるようにしましょう。

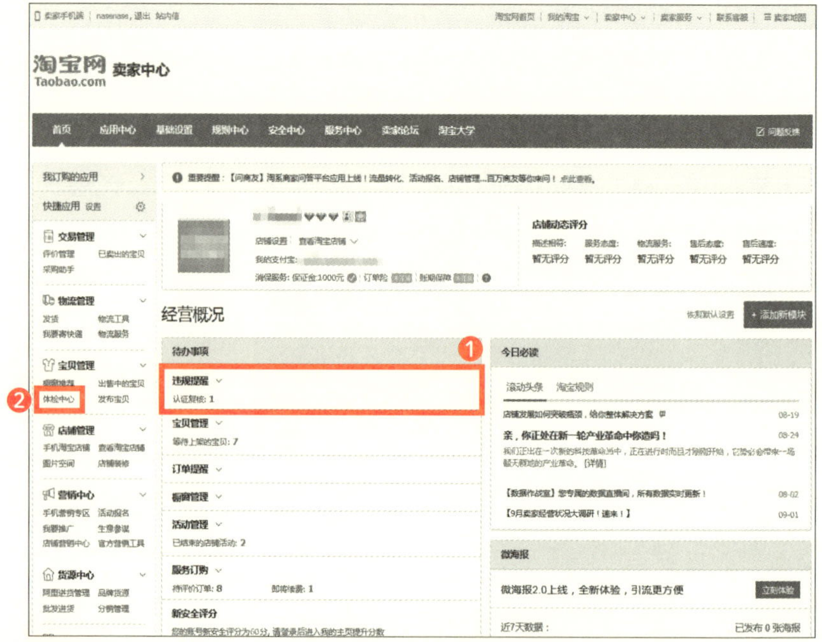

1　❶タオバオにログインした状態で、違反警告があればここに数字が表示されるのでクリックする。
❷「体检中心（検査センター）」をクリックしても次の手順に進める。

2 ❶「违规处理(違反処理)」がすべて0項なら違反警告はきていない状態。
❷「待您处理(処理待ち)」に数字が表示されていたら違反警告を受けているので、すぐに「查看(調べて見る)」をクリックして詳細を確認して期限までに対応する。

本人のアカウントか疑われている場合

タオバオIDが不正に使用されていないかの確認のために、タオバオIDの身分再認証の要求がくることがあります。連絡がきたら期日までにしっかり対応しましょう。

現在は「阿里銭盾」というアプリを使って身分再認証を行います。このアプリは、タオバオへのログインの際にも使うことができるので、インストールしておくと便利です。

钱盾(Android)

提供元:淘宝
Android用件:4.0以上
価格:無料

钱盾(iOS)

開発:Taobao <China> Software CO.,LTD　互換性:iOS 7.0以降　価格:無料

阿里銭盾アプリを起動させてタオバオIDとパスワードでログインし、画面中央の店舗のロゴをクリックすると、自動的にアリペイの名義人の氏名やパスポート番号が表示されます。「开始认证（認証開始）」をタップする

と、表示された画面で中国語のアナウンスが流れます。

アナウンスは中国語ですが、すべて「○○○のポーズをとれ」という指示です。例えば名義人の顔の認証として、口を開けろ、うなずけ、まばたきをしろ、画面をじっくり見ろ、頭を左右に振れ、などと要求されます。冗談みたいな認証ですが、要求通り対応しましょう。さらに、パスポートの画像をその場で撮影し、スマートフォンのGPS設定により表示される住所を確認します。間違いがあれば住所を修正し、最後に確認ボタンをタップすると身分再認証の手続きは完了です。

48時間以内に審査結果が出るので、2日後くらいに阿里銭盾アプリかパソコンでタオバオにログインし、「体检中心（検査センター）」から審査結果を確認します。

画像の著作権違反を疑われている場合

商品ページなどで使用する画像は注意が必要です。メーカーの公式サイトなどから無断で画像を使用していると、画像の著作権違反で訴えられる場合があります。画像は撮影者や画像加工者に著作権が発生していますし、特にモデルなどの人物が写っていればモデル事務所と画像の使用期限や使用国などの契約がある場合も多く、無断で使用すると権利侵害となります。

数年前までのタオバオでは画像を無断使用していている店舗を多く見かけましたが、現在はタオバオも画像の著作権違反についてしっかり監視しています。発見されたら、商品は削除されます。

中国だからバレはしないだろうという考えは甘いです。しっかり使用許可を取るようにするか、自分で撮影や加工をした他人の権利侵害をしない画像を商品ページなどで使うようにしましょう。

警告がきた場合には、著作権者からの画像使用許可書を提出するか、自分が著作権者であることを証明するために加工前の画像データを提出して警告や削除処分を解除してもらいましょう。それらが用意できない場合は、自分で商品の撮影をやり直して、画像の著作権を侵害しない画像で新しく商品ページを出品しましょう。

商標権侵害を疑われている場合

他にも権利侵害で注意すべきは、商標権の侵害です。つまり偽ブランド商品でないかと疑われる場合です。商品によっては商品名やブランド名などが商標権としてすでに中国で取得されており、無断で他人の商標権を使用している商標権侵害の違反になるケースがあります。また、ありとあらゆるものに偽物がある中国では、タオバオで販売している商品が偽物ではないかと疑われることも多く、偽物ではないことを店舗は証明する必要があります。第4章の「一流ブランドは販売ライセンスが必須」でも解説しましたが、これらのブランドは中国で商標権など権利申請をしていると思うので、タオバオで販売する許可である「授権書（販売ライセンス）」を権利者からもらうようにしてください。これが用意ができないと警告がきた時に偽ブランドではないことを証明できないので注意が必要です。

もし「授権書（販売ライセンス）」が用意できない場合は、商品を仕入れた際の購入レシート（ブランド名＋型番＋商品詳細を表示）やバーコードがある商品タグの写真、ブランドの公式サイトでの購入履歴の画面キャプチャ、日本直送の場合にはEMSなどの追跡結果の画面キャプチャ、仕入れの際のネットバンクでの送金履歴の画面キャプチャなど、できる限り本物であることを証明するものを用意しましょう。

タオバオの商品ページに、これらの証明する画像データを載せて偽ブランドと疑われないようにするのも良い方法です。

Chapter 06

Section 08

タオバオサポートセンターの活用法

タオバオのサポートセンターに質問する

タオバオ店舗の運営で困ったことがあれば、トップページから「卖家客服（店舗向けサポート）」をクリックして「服务中心（サービスセンター）」にアクセスすると、タオバオサポートセンターに質問することができます。

その中でも今回は、タオバオのサポートセンターにアクセスし、チャットなどでタオバオ側に問い合わせをする方法を解説していきます。

まずは開店や店舗管理、商品出品、処罰などの問題についてチャットで質問をすると、自動返信ロボットにより質問に対する最適な回答ページの案内候補が表示されます。その中に最適な回答ページがなければ、実在のサポートセンターの担当者がチャットで回答をしてくれる仕組みがあります。

それでは実際の手順を見てみましょう。

1 タオバオIDでログインし、「卖家客服（店舗向けサポート）」をクリックする。

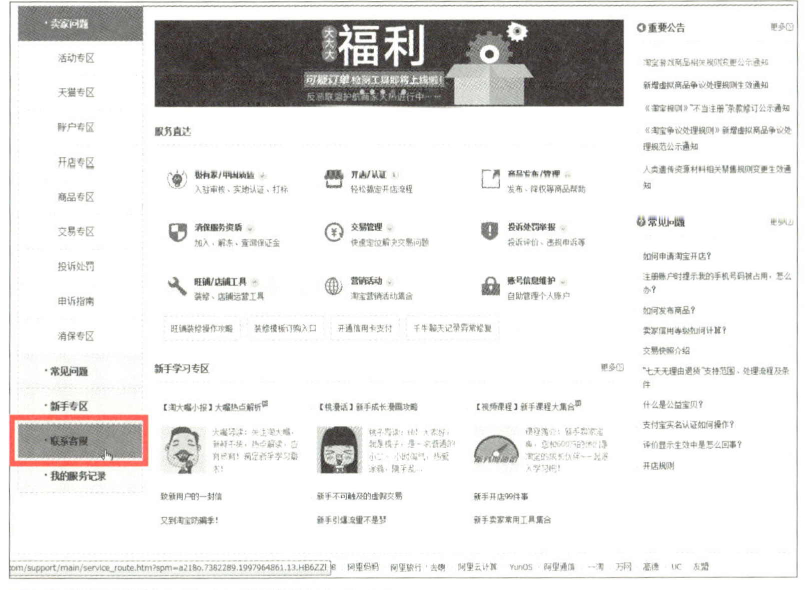

2 「联系客服(サポートに連絡)をクリックする。

3 「咨询万象」をクリックする。このキャラクターは問題を解決してくれる万能な象さんの意味。

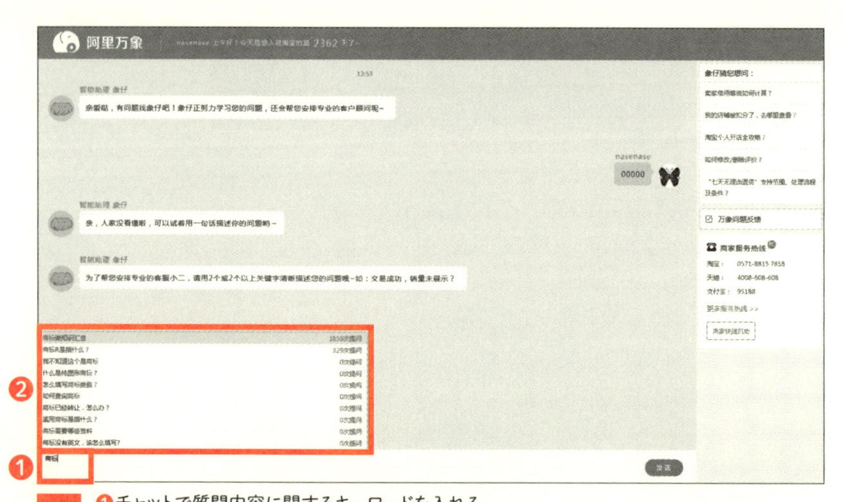

4
❶チャットで質問内容に関するキーワードを入れる。
❷キーワードに関する質問への回答の候補が表示される。選んでクリックすれば回答が表示される。

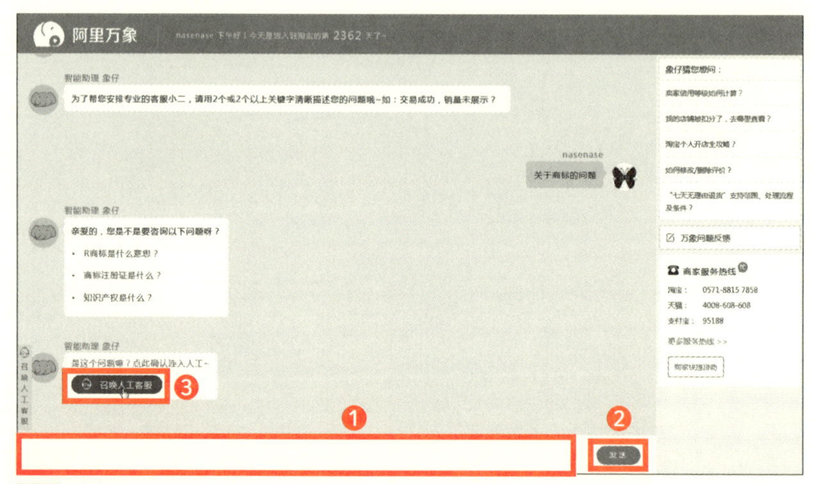

5
❶自動回答ではなく実在の担当者にチャットで質問をしたい時は、このスペースに質問内容を記入する。
❷「发送（送信）」をクリックする。
❸「召唤人工客服（カスタマーサービスのスタッフを呼び出す）」をクリックする。

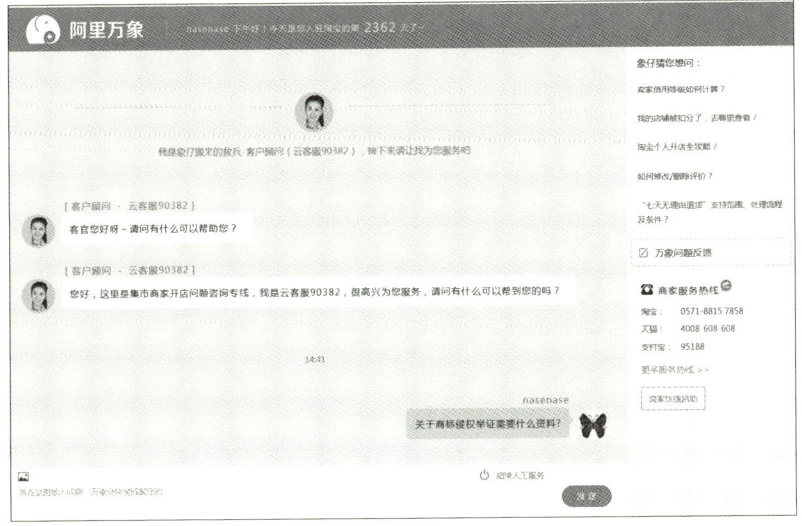

6 実在の担当者からチャット返信があるので質問をチャットで続ける。

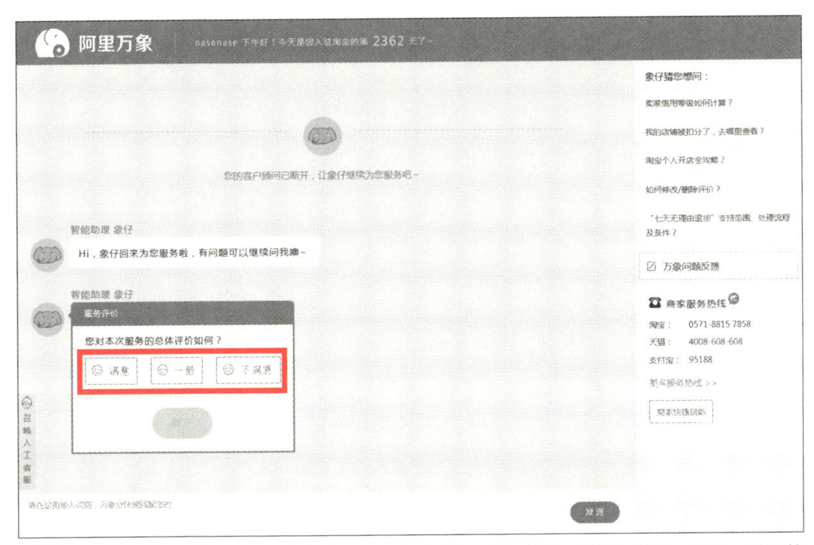

7 質問が終わればサポートの評価をする画面が出る。満足、普通、不満から選んでクリックして終了する。

掲示板で問題を解決する

タオバオには、電子掲示板（BBS）である「淘宝论坛」というページがあります。その中でも「问商友」というタオバオ店舗運営をしている同業者に質問できるページがあり、そこで他の同業者の悩みや解決方法をやり取りしている掲示板を探します。同じ悩みが見つからなければ、自分から質問することも可能なので活用してみましょう。

1　タオバオにログインした状態で淘宝论坛（https://bbs.taobao.com/）にアクセスして、「问商友（タオバオの同業者へ質問するサービスの名称）」をクリックする。

2　❶自分の悩みに関する項目をクリックする。項目は左から順番に「全部」「店铺管理（店舗管理）」「流量转化（アクセス転化）」「活动策划（イベント企画）」「恶意问题（悪意問題）」「交易纠纷（取引トラブル）」「不懂虾问（分からないことを聞く）」「双十一（双11）」「规则问题（規則問題）」の意味。「双十一（双11）」は、毎年11月11日におこなわれる「独身の日」とも呼ばれるイベントのこと。
❷掲示板を選択する。
❸自分で質問したい場合は、「＋我要提问（質問を提出する）」をクリックする。

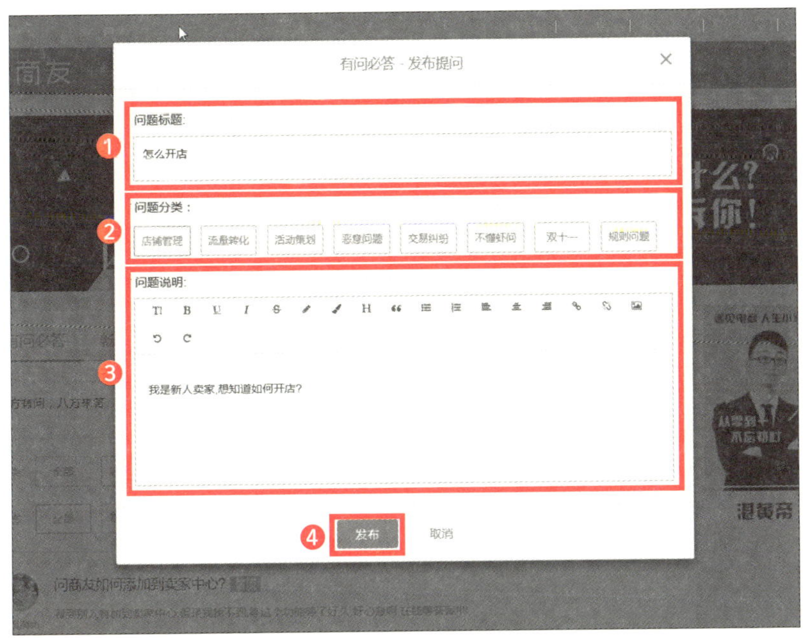

3 ❶自分で掲示板をつくる画面が表示されるので、掲示板の質問タイトルを記入する。
❷質問の分類を選択する。
❸質問の内容を記入する。
❹「发布(発表)」をクリックして掲示板を公開する。

4 掲示板の作成完了画面。あとは誰かが質問への回答をしてくれるのを待つ。

電話で問い合わせる方法

電話で直接タオバオサポートセンターに問い合わせをしたい場合は電話番号を確認して電話します。

残念ながら日本語がわかる担当者はいないので、中国語か英語がわかる人に電話をしてもらうようにしましょう。サポートセンターの対応時間は月曜日から土曜日の9時〜18時（現地時間）で、日曜日と中国の祝日はお休みです。日本との時差が1時間あるので、日本時間でいうと10時〜19時が対応時間になります。

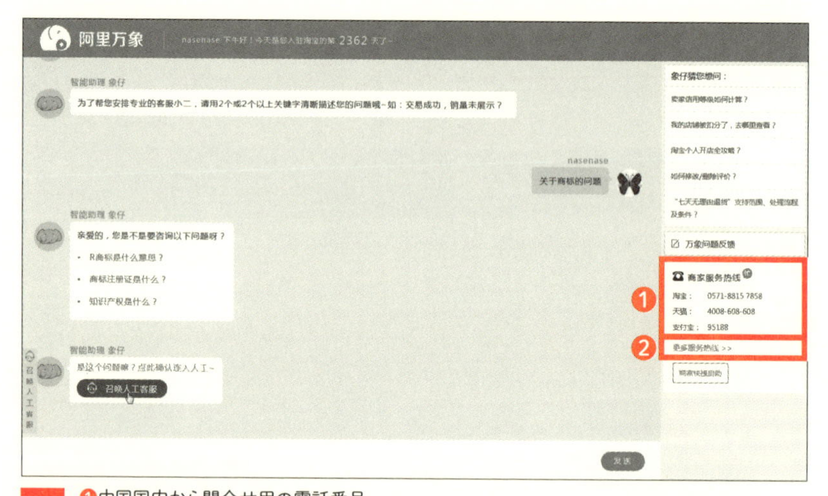

1 ❶中国国内から問合せ用の電話番号。
❷日本から問合せをする電話番号を表示するには「更多服务热线(さらに連絡先を表示)」をクリックする。

海外热线			
台湾热线	(886)02-7706-3088	周一～周六 9:00-18:00 节假日休息	为台湾用户提供咨询
香港热线	(852)2215-5300	周一～周六 9:00-18:00 节假日休息	为香港、澳门以及海外等地用户提供咨询
新加坡热线	800-188-6018	周一～周五 9:00-18:00 节假日休息	为新加坡用户提供咨询
马来西亚热线	1800-807-178	周一～周五 9:00-18:00 节假日休息	为马来西亚用户提供咨询

2 日本から電話するには「香港热线(香港ホットライン)」に記載の電話番号にかけると直接電話でタオバオサポートセンターの担当者につながる。英語か中国語の話者を用意してかけること。

Chapter 07

タオバオでさらに稼ぐためのコツ

Chapter 07

Section 01

中国人消費者の心理とは?

中国人消費者の独特な警戒心

最後の第7章では、お客様である中国人ユーザーの心理について日本人にわかりやすく解説していきます。

根本的に日本人ユーザーと違うのが、他人を信用していないところです。中国語には「無商不奸（ずるくない商人はいない）」という言葉があり、商人であるタオバオ店舗に騙されたくないと警戒しています。商品の品質についても警戒心が非常に強いです。

タオバオで中国人ユーザーに商品を販売する日本人は、その独特の心理を理解した上で、どのように信頼を勝ち取るかを考えないといけません。

タオバオの商品ページをよく見ると、商品パッケージの裏側の画像まで掲載されていることがよくあります。これは本物であることをアピールしているのです。日本製品を販売している商品ページで、本当に日本から商品が届いた証拠としてEMSのラベル（日本語が記載されている）を撮影した画像を大量に掲載している店舗もあります。

タオバオで販売開始したばかりの日本人が最初から注文を取るには、警戒心を解き、信用を勝ち取る以外に方法がありません。中国人ユーザーの警戒心を解くには、ライバルの商品ページをじっくり研究することです。信用アップにつながることは積極的に取り入れていきましょう。

安すぎるのもダメ　高いのも当然ダメ

同じ商品なら少しでも安く買いたいのは、日本人でも中国人でも同じです。しかし、中国人には偽物をつかまされたくない心理があり、安すぎる商品には疑いの気持ちが出てきます。安いならその安さが納得できる理由を伝えないことには、注文は入らないでしょう。もちろん、相場より高すぎるのも売れません。

本当に複雑な心理なのです。経済成長が続いている中国ですが、一部の都市部を除けば、まだまだ日本に比べて物価水準は低いので、日本人の1,000円と中国人の1,000円は同じ感覚ではないことも理解しましょう。

日本と同じく、中国にはいろいろな人がいます。ポルシェやフェラーリを乗り回すお金持ちはたくさんいますし、そうでない人もたくさんいます。そもそも中国という国や中国人を一方向だけの視点で決めつけてしまう先入観はやめましょう。広東省のようにひとつの省だけで人口1億人を超える地域もあります。世界12位の人口のフィリピン一国より広東省の方が人口が多いのです。人口が6,000万人台のフランスやイギリスより人口の多い省が中国には7つもあります。加盟国28カ国のEU（欧州連合）の2015年の人口が5億人ほどなので、タオバオのユーザー数と同じくらいです。このように様々な切り口で中国を理解していきましょう。

みんなが良いというものが良い？

中国人消費者の購買心理として、よく口コミが大事と聞きます。

他人を信用しない中国人ですが、裏を返せば知り合いなどを信用するということです。よく知っている友人や有名人などのおすすめする商品を簡単に信用するところがあります。また、中国独特ではありますが、政府の力が強くテレビや新聞などのマスメディアの情報はあまり信頼していません。そのため、それらのマスメディアより、口コミに近いSNS（ソーシャル・ネットワーキング・サービス）での情報の方をより信用します。

中国政府の規制により、Facebook、Twitter、YouTubeなどが中国国内からアクセス制限されていることは有名です。LINEやアメブロも残念ながら中国本土からは普通の方法では見ることができません。このように世界の情報とは遮断されている部分もある中国ですが、代わりに中国独自のSNSが盛んで、月間アクティブユーザー数が7億人を超える微信（WeChat）や微博（weibo）など、中国独自のものを中心に個人の口コミとでもいうべき情報が拡散しています。

それらの情報源から海外商品の情報を集めることもあり、日本企業が中国で成功するには、中国SNSを活用したプロモーションでの情報発信が重要になってきています。

少しずつ変わる中国人消費者心理

「中国人には何が売れますか？」、「中国でこの商品は売れるでしょうか？」と相談を受けることが著者はよくあります。実際の市場データを調査したり、著者の経験からアドバイスできることはありますが、それでも完全な回答は正直難しいです。なぜなら「中国人」とか「中国」など、あまりにおおざっぱすぎるからです。中国では日本以上に所得の格差も大きく、地域により習慣も気候も文化や民族も違います。そもそも中国人消費者心理というのもおおざっぱすぎる話かもしれません。もっと細分化して、沿岸部の都市部で世帯所得がいくらである場合にどうなのか？　これぐらい具体的に考えないと消費者の心理も多種多様であるのが中国です。

「中国人はこうだ！」と固定観念をあまり持たないようにしましょう。中国は変化が激しく、消費者の心理もどんどん変わっていきます。その変化についていくことが必要です。

Section 02 中国人ユーザーから信用を勝ち取る方法

運営者情報をしっかりアピール

日本でネットショップを運営する場合には、運営者情報をページに記載するという「特定商取引法に基づく表記」が義務づけられていますが、中国ではそのような法律が現在はありません。

タオバオ店舗では開店申請時にパスポート画像などを提出して、タオバオには運営者情報を知らせていますが、ユーザーが見ているタオバオ店舗ページにはどこにも運営者情報の記載がありません。

だからこそ、運営者情報をできるだけ詳しく記載して、ユーザーに見える場所に掲載することをおすすめします。

例えば、会社概要や住所、電話番号、会社の外観写真、社長や社員の顔写真、倉庫やオフィスの写真も掲載するとより信用がアップするので良いでしょう。経営理念や会社の社歴が長い場合は、創業50年のように信頼につながるような情報を積極的にタオバオ店舗のトップページや商品ページに掲載すると、ユーザーの信用アップに役立ちます。

中国流の信用アップ術

それでは、日本人がびっくりするような中国流の信用アップ術を紹介します。

日本で本物を仕入れて、タオバオで販売していることを証明する方法です。

例えば、デパートやドラッグストアのレシートの画像や店頭で商品を手に持っている画像、商品が偽物でないとアピールするために商品正面だけではなく裏側などの画像、日本から仕入れて中国に届いた証明としてEMSの伝票画像など、いろいろな方法でユーザーに信じてもらうように工夫します。

他にも、自分のタオバオ店舗名を紙にプリントアウトして、それを手にもって日本のドラッグストアの前で撮影した画像をアップしていたり、日本人からするとびっくりするようなことまでして、本物を扱っていることをアピールしている店舗もあります。

画像にウォーターマークを記載する

もうひとつ大切なのは、画像に「ウォーターマーク」を記載することです。ウォーターマークとは、撮影した写真や動画に著作権情報として記載しておくマークのことです。一般的には、社名や撮影者名などのクレジットが被写体にかかるように記載されています。こうしておけばトリミングでクレジットを除去することが難しくなります。また同時に、画像の盗用も防ぐことができて一石二鳥です。

日本国内で撮影したオリジナルの商品写真に、自社のクレジットをウォーターマークとして記載しておけば、中国人に対して「本物を扱っている」というアピールになるはずです。

▼購入レシートの画像

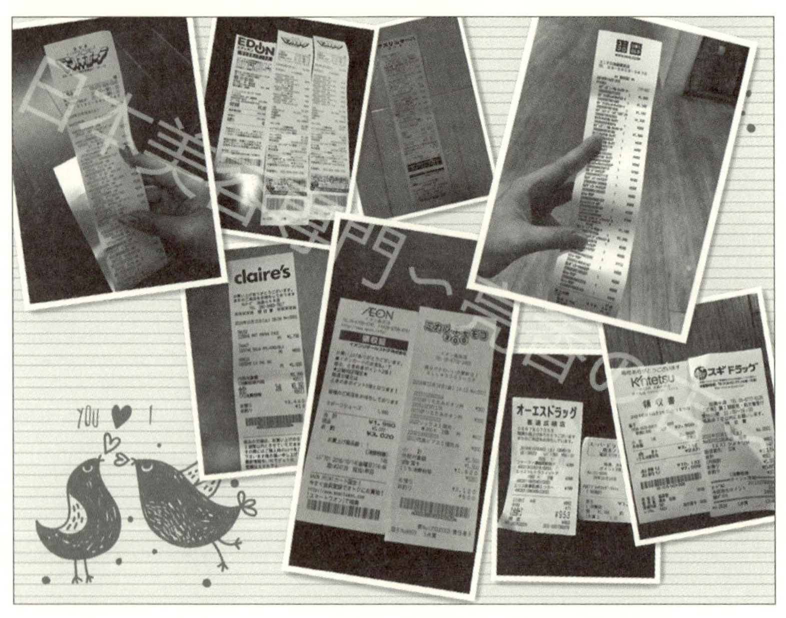

▼店頭で商品を手に持っている画像

▼商品裏側の画像

▼日本から送付したEMSの伝票の画像

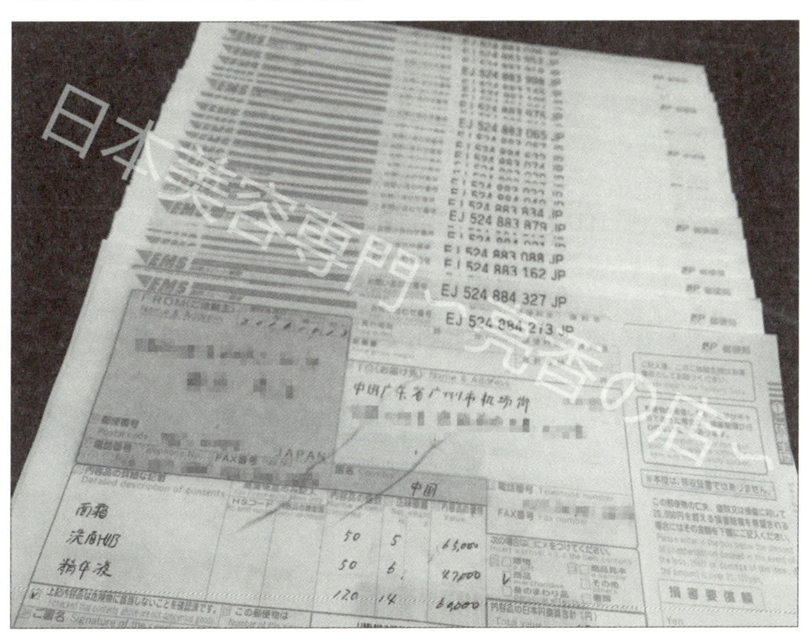

Chapter 07

Section 03

タオバオ独自のアルゴリズムを攻略する

上位表示までの長い道のり

タオバオはネットショッピングモールですので、ユーザーは商品を探す時にトップページから検索します。ユーザーが打ち込んだキーワードであなたのページが上位表示され、商品を見てもらうことではじめて注文をもらえる機会が得られます。タオバオはユーザー数も多く、上位表示した時の売れ行きは爆発的なものがあります。しかし、ライバル店舗も多いので競争は激しく、上位表示されるまでは長い道のりを歩くことになります。つまり、タオバオ店舗の運営を軌道に乗せるためには、お客様にたくさん見てもらえるように狙ったキーワードで自社の商品ページの検索順位を上げることが最重要課題となります。そのためには、タオバオ独自の検索結果を決定するアルゴリズムの仕組みを理解して、正しい対策をしていかねばなりません。

タオバオのアルゴリズムは、「ユーザーが満足する商品を検索結果に表示する」ことを目標としています。この目標を達成するために、タオバオはいろいろな施策を行っていますが、施策の内容はすべて非公開です。

ただし、現状の検索状況から、タオバオが検索アルゴリズムのどこに力を入れているのか、何を重視しているのかはある程度判別できます。

重要項目！ここをしっかり対策しよう

タオバオの検索アルゴリズムで重要視される指標は非常に多く、主な要素を次ページにまとめて紹介しています。参考にしてください。各項目の数値が上がるようにして、店舗運営のやり方で改善できる項目をひとつずつクリアしていきましょう。

検索結果を左右するアルゴリズムの項目は多岐にわたりますが、ユーザーが良い買い物ができると思われる項目の指標に関係があると考えて改善していきましょう。

検索結果の表示順位に影響する要素

- 店舗の信用ランクが高いこと。
- 違反の履歴がないこと。
- 違反の内容が軽微であること。
- 天猫（Tmall）店舗であること。
- 消費者保証へ加入していること。
- 直通車広告を利用していること。
- 好評率、返金率、クレーム率、アリペイ使用率の指標が高いこと。
- チャットのオンライン時間が長いこと。
- チャットの返信速度が速いこと。
- 商品ページの滞在時間が長いこと。

検索対象外？　アクセスアップの秘訣

タオバオには、「滞销商品」という、売れ行きが悪い商品という意味の言葉があります。規定では、90日の間アクセスがない、注文もない、商品ページの編集などもされていない商品のことを指します。この状態になるとタオバオの検索対象外となり、検索されてもまったく検索結果に表示されない状態になります。

対策方法としては、いったん商品を取り下げ、商品タイトルや販売価格などを修正して再出品することです。これで24～48時間経過すれば、再びタオバオの検索対象になります。

ロングテールはタオバオには向いていない

タオバオでは、ひとつひとつの商品に対して写真掲載や丁寧な説明、さらにSEO対策が必要となるため、膨大な点数の商品を一気に出品するのは大変です。この点を考慮した場合、ロングテール戦略はタオバオにはあまり向いていないことになります。

まずは、確実に売れる人気商品を1点確保するのが得策です。確実に売れる商品を足がかりにして、徐々に売れ筋商品の種類を拡充していけば良いのです。売れ筋商品を数点、あるいは十数点ほど確保できれば、タオバオでのビジネスは成功したも同然です。

SEOは売れ筋商品だけに注力する

タオバオでライバル商品の販売数調査などをしていると、日本では考えられない「爆売れ商品」が見つかります。そのような商品ページを見つけたら、その店舗が販売している他の商品もチェックしてみてください。意外と商品アイテム数は多くないことに驚くと思います。

タオバオではSEOが非常に重要です。独自のアルゴリズムで検索結果の上位表示を決めており、多くの商品アイテムを出品してもSEOを対策しきれなければ、商品が上位表示されることはありません。上位に表示されないということはアクセスされることもないわけで、結果として売れないという悪循環に陥ってしまうのです。

ひとつの商品にかけられる労力とコストには限界もあると思うので、まずは大量出品を考えるより、少量の商品に力を入れる方法をおすすめします。

ただし、1商品だけに注力し続けてしまうと、店舗全体の「動売率」に影響します。動売率とは、「扱う商品数の中で、15日以内に2個以上売れた商品の割合」を表します。10種類の商品を販売し、そのうち7種類が15日以内に2個以上売れていれば、動売率は70%となります。動売率が高いほどタオバオからの評価も高くなるので、扱う商品数をむやみに増やすのは得策ではありません。動売率が下がってしまうからです。追加で新商品を出品する時などは、動売率の変動も確認しながら出品するようにしましょう。

Section 04 直通車（クリック課金型広告）の活用方法

アクセスアップの王道！　直通車とは？

直通車とは、タオバオで主流のPPC広告（クリック課金型広告）のことです。1つの商品ページに最大200個までのキーワード（複合キーワード可）を店舗側で設定することが可能です。検索結果に表示されただけでは広告費用は発生せず、実際にクリックされると費用が発生します。クリック単価は、商品ページの場合は最低0.05元から最高99.99元ですが、タオバオの店舗をランディングページに設定した場合、入札価格の最低額は0.2元からとなります。店舗が設定する入札金額や、設定したキーワードと商品の関連の度合いにより広告の掲載順位は変わります。

直通車には固定費用はかかりませんが、新規登録時にタオバオにデポジット（広告費用前金）として最低500元の入金が必要で、このデポジットから広告がクリックされるたびに広告費用として消費されます。

タオバオで新規出品した商品ページなどにアクセスを集めたい場合、直通車は非常に効果の高い販促手法となります。タオバオ以外のアリババグループが提携している外部のWEBサイトにも表示されるので、目玉商品をつくるためにも予算を確保して活用してみましょう。

直通車の条件とは？

直通車広告へは参加条件があります。店舗の信用ランクがハート2個以上で参加可能になります。日本直送の場合、時計、運動靴、スポーツウェア、化粧品などのカテゴリは、全球購店舗（販売成績が良く、取扱商品がすべて中国以外の製品である店舗の中からタオバオに選ばれた店舗）であること、信用ランクがダイヤモンド1個以上であること、という特別な条件が必要です。また、信用ランクがハート2個以上などの条件をクリアしていても、ユーザーからの評価の平均点数であるDSRが4.4以上ないと広告出稿できません。

これ以外にも、直通車への広告出稿には特例的な条件がいろいろありますが、広告を出せるか出せないかをてっとり早く確認するには、まず出稿手続きを行ってみることです。出稿できない場合は承認されず、広告を出稿できません。当然ですが費用が発生することもありません。

費用対効果の高い掲載場所とは

タオバオの直通車には、「黄金展位」と呼ばれる効果抜群の表示エリアがあります。検索結果画面でスクロールしなくても表示されている範囲をファーストビューと呼びますが、この領域に表示されている広告は、比較的効果が高くなる傾向があります。

なお、検索結果の1ページ目に表示されたとしても、7位以下なら、2ページ目の1～3位の方が数値が良い場合があります。

直通車は設定しても放置していては効果は継続しません。毎日のように状況を確認し、入札金額などを調整するようにしましょう。

▼直通者広告の表示場所

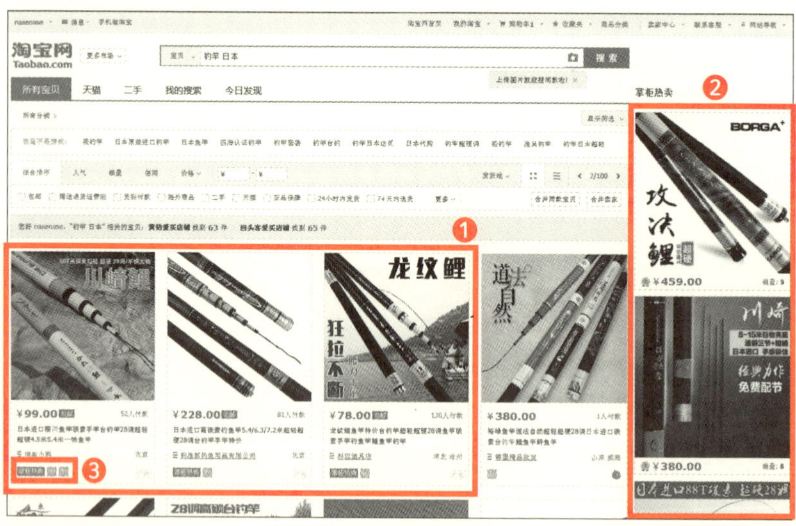

❶通常の検索結果が表示される場所だが、広告の場合もある。
❷直通車の広告が表示される場所。
❸「掌柜热卖(店主のホットセール)」の表示がある商品は広告の意味。

パソコンよりスマホユーザーが狙いめ

現在、タオバオはパソコンからのアクセスより、スマートフォンやタブレットなどのモバイルからのアクセスが圧倒的に多いです。商品カテゴリにもよりますが、店舗へのアクセスの80〜90%がモバイル経由のアクセスであることも珍しくありません。そのため、直通車もモバイル版の広告を優先的に設定すると良いでしょう。

実際に直通車の設定をしてみよう

直通車の広告設定は、設定のやり方により費用なども変わってくるので慎重に進めてください。広告設定が初めての人には少しハードルが高いので、淘宝大学の動画などで事前に操作方法を勉強しておくことをおすすめします。広告の表示地域、1日の消費金額上限、表示される時間帯などが設定できるので、無駄なコストがかからないようにしましょう。

1　タオバオにログインした状態で「我要推广（広告を出す）」をクリックする。

2　「即刻提升（すぐプロモーション）」をクリックして直通車の管理ページに移動する。

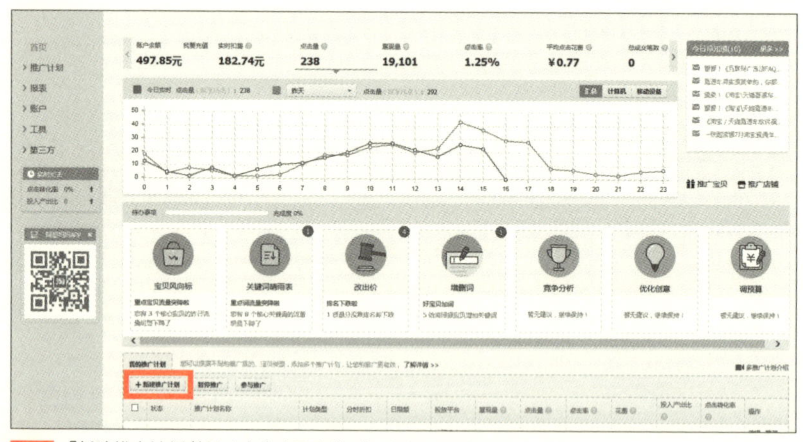

3　「新建推广计划（新しく広告企画を作る）」をクリックする。

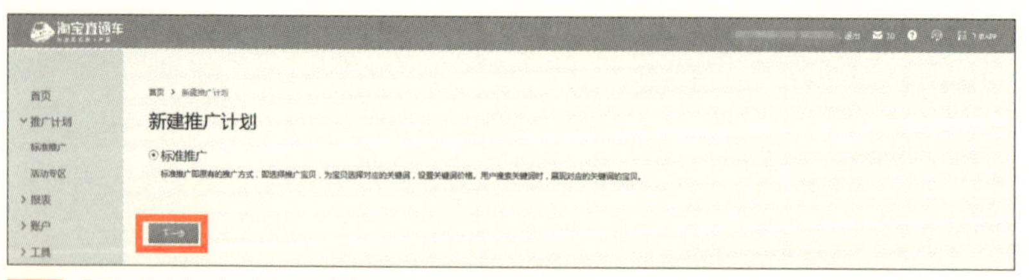

4　「下一步（次へ）」をクリックする。

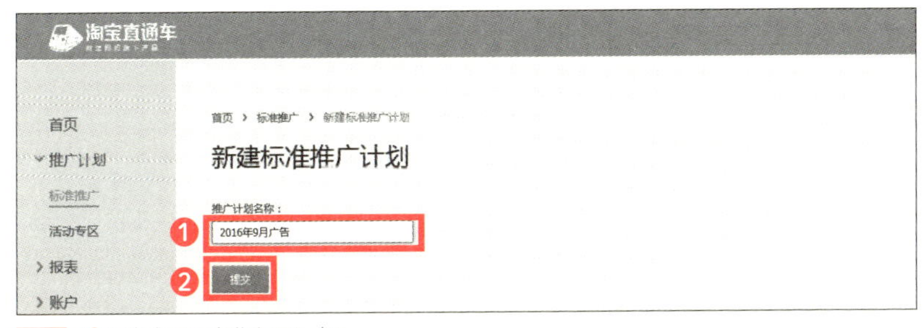

5 ❶広告企画の名称を記入する。
❷「提交（提出）」をクリックして作成する。

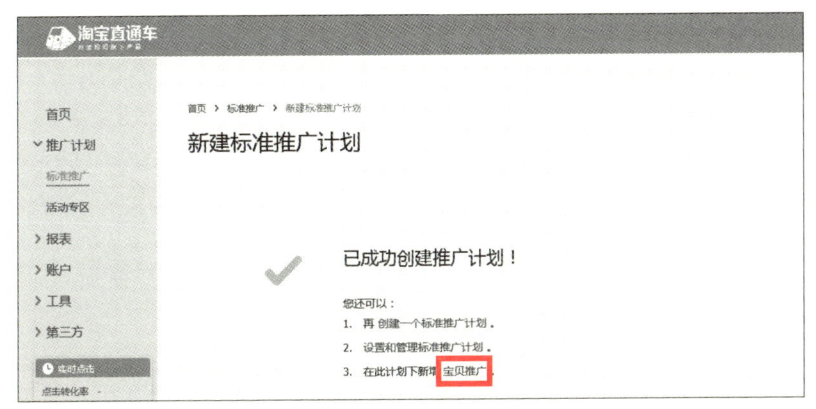

6 この画面が表示されたら広告企画の作成が完了する。さらに「宝贝推广（商品広告）」をクリックして広告を作成する。

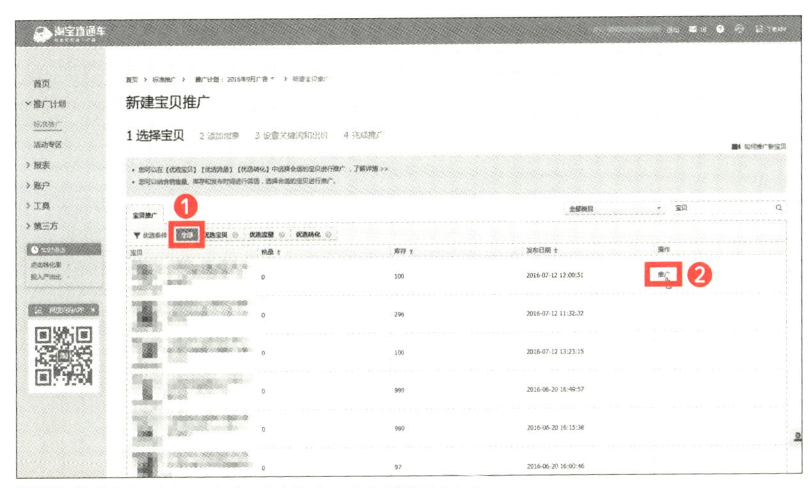

7 ❶「全部」をクリックすると出品中の商品が表示される。
❷広告に出す商品をクリックする。

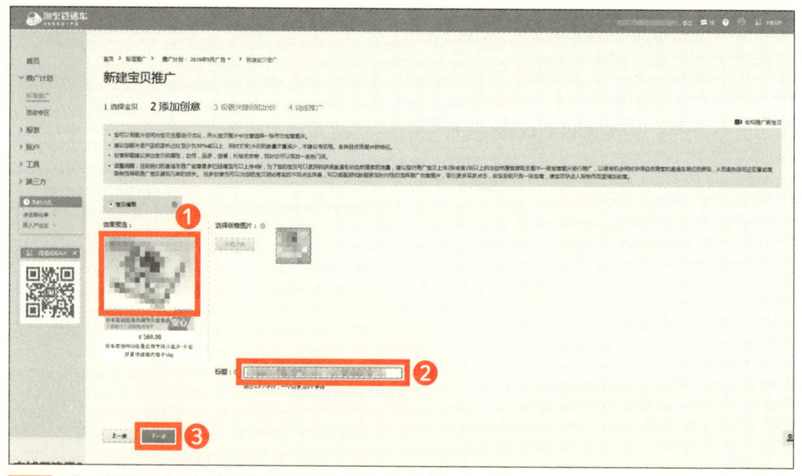

8

❶直通車広告の商品画像を最大4枚までアップロードする。
❷直通車表示場所の商品タイトルを入力する。最大40バイトまでの制限があるので、文字数が超過している場合は調整をする。
❸「下一步(次へ)」をクリックする。

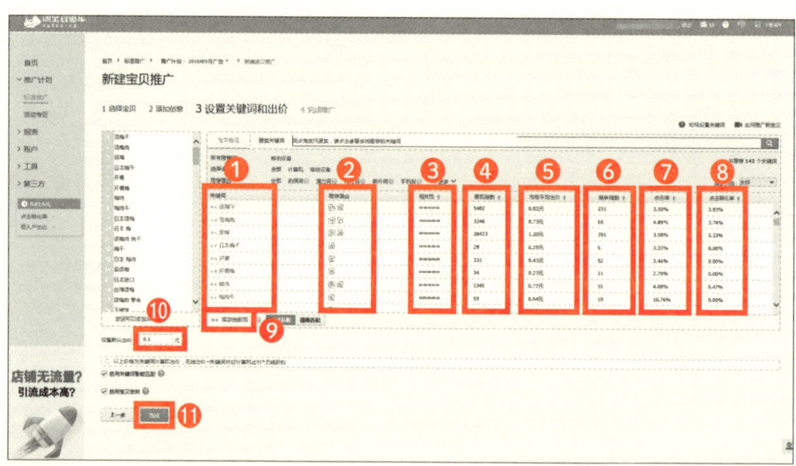

9

キーワードを選定する画面。
❶システムが推薦したキーワード一覧。
❷推薦理由　想定の表示場所。
❸商品の関連度について、キーワードの宣伝に参考になる。
❹表示指数が表示される。
❺平均クリック単価が表示される。
❻競争指数が表示される。
❼クリック率が表示される。
❽クリック転換率が表示される。
❾表示中のキーワードを一括で広告設定できる。
❿広告入札金額を記入する。
⓫「完成」をクリックする。

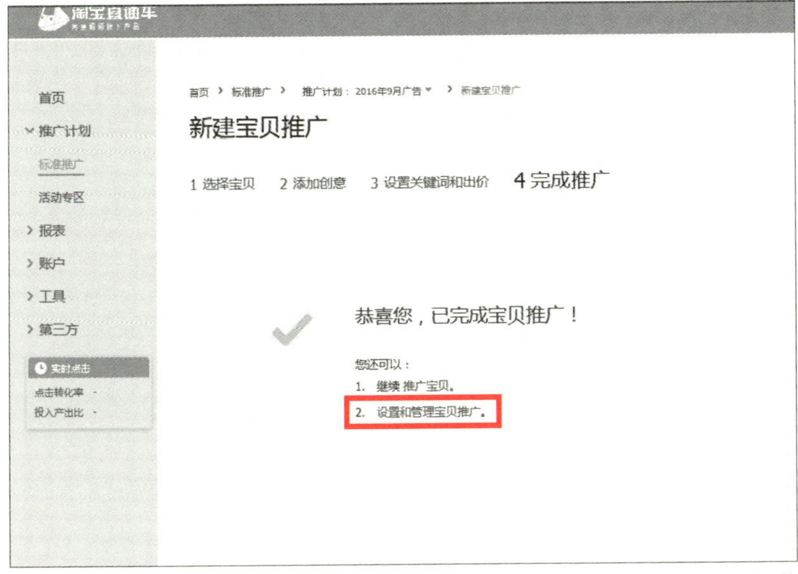

10 この画面が表示されたら広告設定が完成する。「设置和管理宝贝推广（商品広告の設置と管理）」をクリックすると、さらに詳細な設定が行える。

Chapter 07
Section 05

タオバオ客（アフィリエイト）の活用方法

タオバオ客とは？

タオバオ客とは「アフィリエイト」のことです。タオバオ以外のサイトやブログ・メルマガなどで商品を紹介してくれるアフィリエイターへの成功報酬を設定します。初期費用や固定費用はかからず、商品が販売されたら成果報酬をアフィリエイターに支払います。注文がなければ費用は一切かかりません。

成果報酬の設定には、最低料率と最高料率があります。「タオバオ客 カテゴリ別最低報酬率表」で自分の設定する商品カテゴリの最低報酬率を確認して設定しましょう。

タオバオ客は直通車と同じく、条件をクリアしないと参加できません。主な広告出稿条件は消費者保証加入、信用ランクがハート1個以上、商品カテゴリにより違いますが基本はDSRの点数が4.7以上、商品アイテム数が10商品以上などのすべての条件を満たす必要があります。

▼タオバオ客 主なカテゴリ別最低報酬率表

カテゴリ	最低報酬率
成人用品／避妊具／趣味下着	1.50%
革製品／女性バッグ／男性バッグ	1.50%
女性アパレル／女性小物	5.00%
美容用品類	1.50%
生活家電	1.50%
食品／茶／オヤツ／特産品	1.50%
健康食品	1.50%
ブランド時計／流行時計	1.50%
化粧品／香水／美容／雑貨	1.50%

報酬率の設定はどうするか？

タオバオ客には、報酬率の設定が2種類あります。

ひとつは「商品ページごとに報酬を設定する方法」です。この場合、商品ページで紹介している1品のみに報酬率が設定されます。

もうひとつは「カテゴリに報酬を設定する方法」です。この方法で報酬を設定すると、カテゴリ内で扱う商品すべてに報酬率が設定されます。

カテゴリにより最低報酬率がありますが、基本は10〜50%ぐらいに設定するのが良いでしょう。タオバオ客を始めるには、ある程度の販売実績を積んでから利用した方が効果的です。理由は、宣伝をしてくれるアフィリエイターから「扱いやすい商品」と判断してもらいやすくなるからです。アフィリエイターは、売れないと判断した商品を扱うことはありません。売らなければ報酬が得られないからです。

実際にタオバオ客の設定をしてみよう

それでは下記の手順で実際にタオバオ客の設定と、商品のカテゴリごとの報酬率、商品ごとの選択方法や報酬率を設定してみましょう。

1 「卖家中心（サプライヤーセンター）」で「我要推广（広告を出す）」をクリックする。

2 「淘宝客（タオバオ客）」をクリックする。

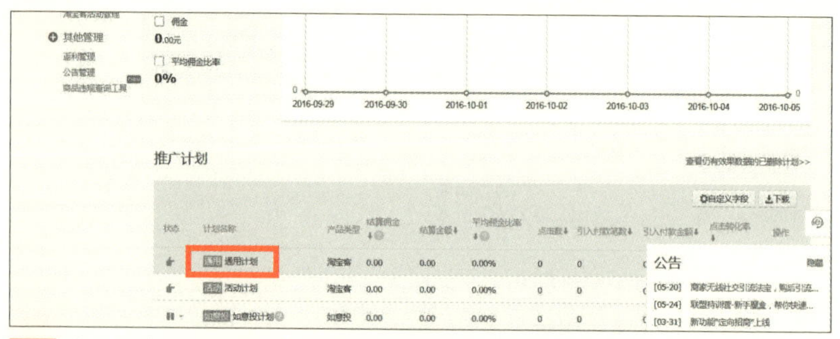

3 タオバオ客の設定画面で「通用计划（計画を通用）」をクリックする。

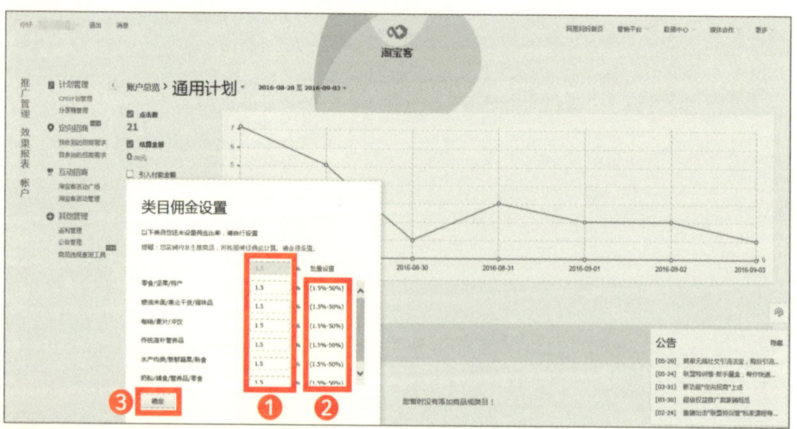

4 ❶カテゴリごとの成果報酬を記入する。
❷カテゴリの最低成果報酬率から最高成果報酬の範囲を表示している。この範囲内で報酬率を設定する。
❸「确定（確定）」をクリックする。

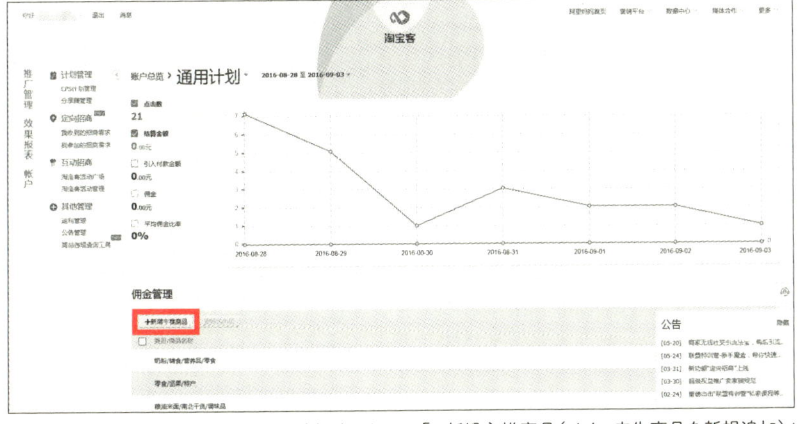

6 タオバオ客に参加する商品を追加するために「＋新増主推产品（メイン広告商品を新規追加）」をクリックする。

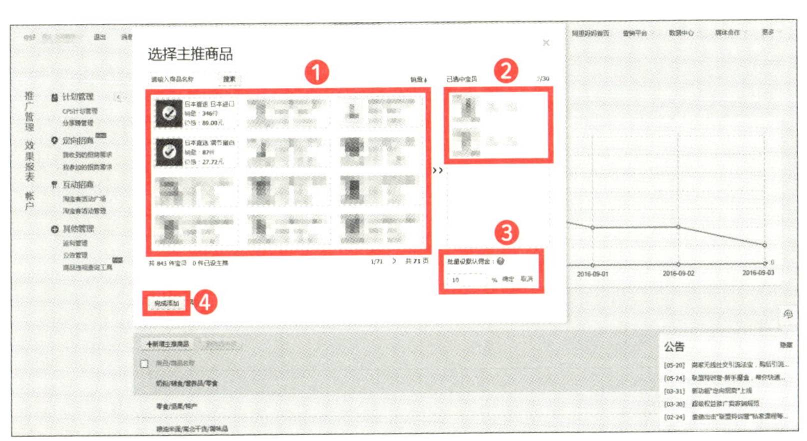

7 ❶広告に参加する商品をクリックして選択する。
❷選定した商品が表示される。
❸一括で成果報酬率を設定できる。
❹すべての設定が完了したら「完成添加（追加完成）」をクリックして広告設定が完了する。

Section 06 ブランド化で付加価値アップ！

やっぱりブランドが大好き

世界の高級ブランド品の3割を中国人が購入しているといわれています。しかし、ブランドとは、エルメスやシャネルという超高級ブランドだけのことではありません。中国人ユーザーにとっては、知名度があり人気がある商品はブランドといえるのです。

偽ブランドが数多く出回っている中国では、商標権を取得しているブランドは本物として認知されやすくなります。そのため、自社のオリジナル商品をタオバオで販売する場合は、中国で「商標権」を取得しましょう。同じデザインや素材のバッグが数多く出回っていても、商標登録をしておくとやはり価値が上がります。

中国で商標権申請しよう

日本で商標権を取得した商品であっても、中国で商標権を取得しておかないと意味がありません。中国国内で保護の対象となる商標権は、中国国内で取得した商標権のみです。

まず、すでに同じような商標が中国で申請されていないかを調べましょう。商標申請は先願主義といって、先に申請されてしまうと取得は難しいので本申請する前に確認をします。その事前調査で同様の商標がなく、審査に通る可能性が高いと判断したら、できるだけ迅速に本申請手続きに入ります。

なお、中国国内で商標権を取得するには、中国国内の代行会社に依頼するのが簡単です。自分で用意するものは次ページの書類やデータファイルですが、実際の申請の際には必ず代理会社に確認をしてください。

中国での商標権申請で用意するもの

1. 会社名（中国語翻訳と英語の名称）
2. 登記簿謄本のデータ（法人の場合）（発行日より2カ月以内有効）
　※登記簿謄本をコピーした紙に実印を押しスキャンデータとして提出
3. 連絡先（住所・電話番号・郵便番号）（日本語＆英語）
4. 商品名称（ブランド名および分類）（中国語＆英語）
5. 商標図柄（ロゴマーク）の画像
6. 登録する商品の分類を決めておく

タオバオにブランド申請登録をしよう

中国で商標権を取得できたら、次はタオバオにブランド申請をしてみましょう。

タオバオに認められればライバル店舗の排除などにも有効なので、申請する価値はあります。タオバオへのブランド登録申請に必要なのは、ブランド名、商標登録番号、ブランド所有人、受理通知書/登録証明書などの情報です。中国の商標がなくても申請はできるようですが、できるだけ中国の商標で申請しましょう。また現在、商品カテゴリによっては申請を受け付けていないカテゴリもあります。次ページの手順で確認してください。

なお、タオバオへのブランド申請登録は、中国大陸への商品の輸入許可書を取得することでも申請可能です。

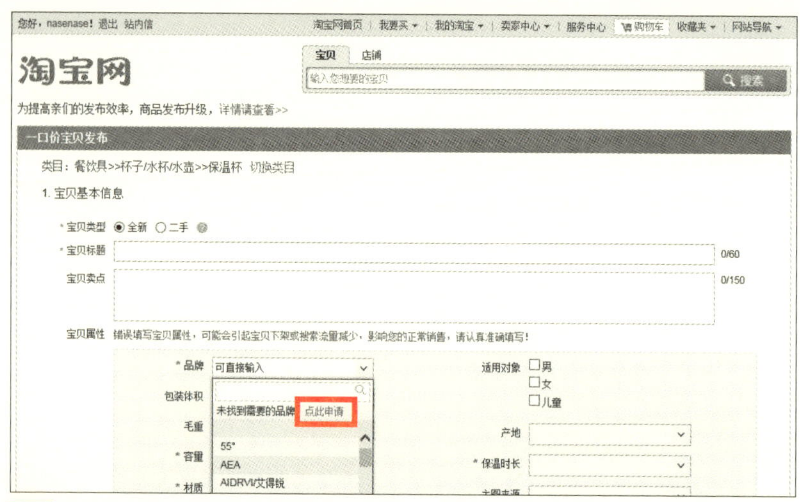

1 商品を出品するページの「品牌(ブランド)」を選ぶ箇所で「点此申请(クリックして申請)」をクリックするとブランド申請ページが表示される。

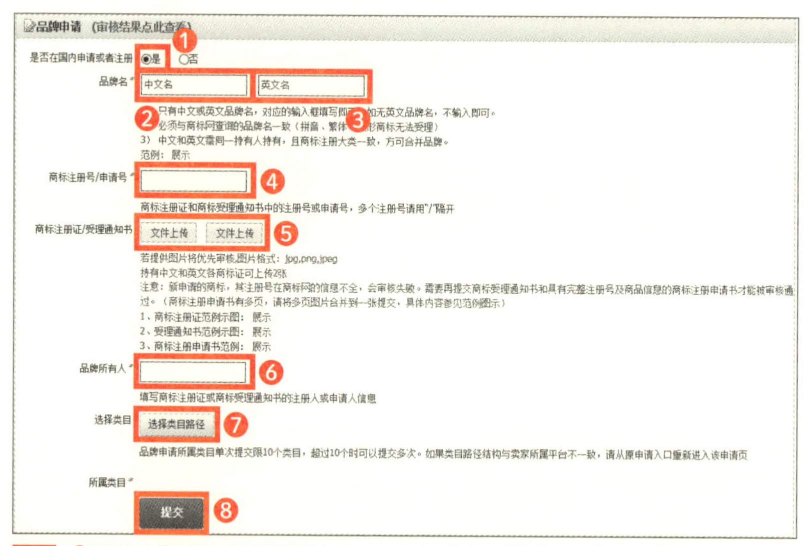

2 ❶最初から「是(はい)」が選択されている。なお、中国の商標権以外(日本の商標権や輸入許可書)で申請するのであれば、となりにある「否(いいえ)」をクリックする。その場合は手順3を参照する。
❷ブランド名を中国で記入する。
❸ブランド名を英語で記入する。
❹商標権の受理通知書もしくは登録証明書の番号を記入する。
❺クリックして上記の書類の画像データをアップロードする。
❻ブランドの所有人の名前を記入する。
❼商標の分類を選択する。
❽「提交(提出)」をクリックして申請する。

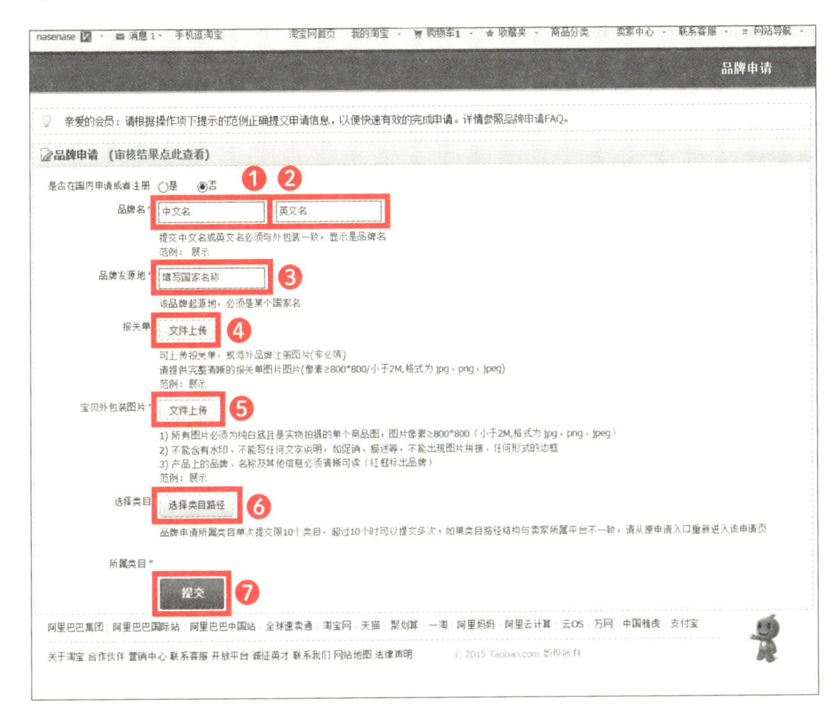

3

❶ブランド名を中国で記入する。
❷ブランド名を英語で記入する。
❸ブランドの取得国を記入する。
❹中国への輸入許可書をアップロードする。
❺商品の外包パッケージの画像をアップロードする。
❻商標の分類を選択する。
❼「提交(提出)」をクリックして申請する。

あとがき

本書を最後までお読みいただき本当にありがとうございました。

本書の冒頭でお伝えした「茹でガエルの法則」のように徐々に温度が上がり、いつの間にか茹で上がってしまうような日本経済を飛び出して新天地を目指すのは今です。大企業だけではなく、個人でも中小企業でも、これからは国境を越えてグローバルにビジネスを展開しないと生き残れない時代がすぐそこまで迫っています。

「中国語なんて分からない」と13億人の巨大市場を目の前にしてあきらめてしまっている人にこそ本書を読んですぐ行動に移せるように、「中国輸出の教科書」となるように心がけて執筆をしました。

本書を読んで中国EC市場の高い可能性を感じたことと思います。タオバオのシステムや中国独特の規制など難しいと感じる部分もあったかと思いますが、ビジネスで簡単なものなどありません。最初は難しく感じる操作なども慣れてしまえば意外と簡単にできるものです。

タオバオ運営で困ったときは本書を教科書のように何度も読み返して乗り越えてくれることを願っています。

「為せば成る、為さねば成らぬ何事も、成らぬは人の為さぬなりけり」

これは江戸時代の米沢藩主、上杉鷹山が瀕死の米沢藩に新しい産業を興し、見事に藩財政を立て直す際に心構えについて説いた有名な言葉です。

強い意志を持ってやれば成功する。やらなければ何事も成功しない。成功しないのは人がやらないからだ。という意味で、中国向けの越境ECである「タオバオ輸出」を成功させる場合にも一番大事な心構えです。

鷹山が言う「為せば成る」とは、「為すと必ず成る」=「やれば必ず成功する」という確固たる強い意志と実行力が大切だと伝えています。是非、強い意志を持って中国EC市場にチャレンジしてください。

本書をきっかけにたくさんの人々が中国輸出を成功させることを心から願っています。

最後になりますが、本書の執筆機会を与えてくださいました、つた書房様に感謝致します。

私が出版できるきっかけを与えてくれたのは、株式会社ケイズパートナーズの山田稔さんの出版実現セミナーに参加したことでした。中国ECの「淘宝（タオバオ）」や「1688.com（アリババ）」の出店・運営代行をする弊社の「チャイナドリームサポート」での運営ノウハウを出版の企画書にするアドバイスを根気よく的確にサポートしてくださったお蔭で本書の出版が実現しました。山田さんには感謝の気持ちでいっぱいです。

また編集を担当してくださった串田真洋さんには、深夜までの編集作業で大変お世話になりました。辞書にも載っていない中国ECの専門用語がたくさん出てくる本書の編集作業は本当に大変な作業だったと思います。ありがとうございました。

また執筆の調査で中国支社のスタッフには休日出勤や深夜までの残業など協力をしてもらいました。

特別鸣谢、甘双燕、汤绮琦、郭剑、刘智美、谭倩雯、梁玉婷、梁莉、覃小美、林小泉、许芳、刘汉尊、黄琴芳。

家庭では、本書の執筆に愛する妻である香江の協力や励ましがなくては出版できませんでした。ありがとう。

そして本書を購入頂きました読者の皆様に最大の感謝です。巻頭にタオバオ運営に役立つ資料をダウンロードできるように特典としてご用意しました。是非、ライバルに差をつける最新ノウハウを手に入れてください。

セミナー等であなたに会えることを楽しみにしています。

2016年10月　株式会社ナセバナル　代表取締役　橋谷亮治

著者紹介

橋谷 亮治（はしたに りょうじ）

株式会社ナセバナル 代表取締役
広州市為亮成貿易有限公司（タオバオ認定パートナー企業）董事長兼総経理
独立行政法人 中小企業基盤整備機構　国際化支援アドバイザー
中国電子商務協会会員

楽天市場、Amazon、Yahoo！ショッピングなどの国内モールにてネット通販ショップ運営を経験。
その後、中国広東省に現地法人を設立し、北海道から沖縄まで日本全国60社以上の中小企業から大企業まで中国向け越境ECの運営代行事業を展開。
化粧品、アパレル、家電、キッチン用品、伝統工芸品など、様々な商品ジャンルの日本製品を「淘宝(タオバオ)」や「1688.com（アリババ）」、微信(WeChat)の「微店(YouShop)」で中国向けに販売し、月商1,000万円を超える店舗を多数運営代行する。
中国語が出来なくても、気軽に誰でも中国越境ECで販路拡大ができる新しいビジネスモデルを展開中。

チャイナドリームサポート
https://taobao-support.net/

中国ビジネス最新情報ブログ
https://taobao-support.net/category/blog/

Facebookページ
https://www.facebook.com/ChinaDreamSupport

タオバオで稼ぐ！
初心者から始める中国輸出の教科書

2016年11月11日　初版第一刷発行

著　者　　橋谷 亮治
発行者　　宮下晴樹
発　行　　つた書房株式会社
　　　　　〒101-0025　東京都千代田区神田佐久間町3-21-5　ヒガシカンダビル3F
　　　　　TEL. 03（6868）4254
発　売　　株式会社創英社／三省堂書店
　　　　　〒101-0051　東京都千代田区神田神保町1-1
　　　　　TEL. 03（3291）2295
印刷／製本　シナノ印刷株式会社

ISBN978-4-905084-17-4